ミツバチと文明

宗教、芸術から科学、政治まで
文化を形づくった偉大な昆虫の物語

BEE　Claire Preston

クレア・プレストン
倉橋俊介・訳

草思社

ミツバチと文明　目次

I

ミツバチと人類

なぜ、世のなかに、ミツバチなんかいるかっていえばだね、そりゃ、ミツをこさえるためにきまってるさ……それで、なぜ、ミツをこさえるかっていえばだね、そりゃ、ぼくが、たべるためにきまってる。

A・A・ミルン『クマのプーさん』（一九二六年）[*1]（『クマのプーさん』A・A・ミルン著、石井桃子訳、岩波少年文庫、一九五六年）

「一匹のミツバチは、いないのと同じ」（*una apis, nulla apis*）ということわざがある。とすると、本書のタイトル〔原題は「BEE」〕は間違いということになるだろう。「政治的」な昆虫といわれ、きわめて社会的・生物学的な組織をつくり、優れた独自の生産・技術力をもつ彼らの進化の軌跡は、何千、何万というミツバチが集まって起こす奇跡なのだ。人間社会では、古代からかなり最近までこうしたミツバチたちを道徳的なものと考えてきたように思える。そして道徳的な生活とは、トマス・ホッブズが書いたような万人の中《インテル・オムネス》での生活のことである。つまりミツバチの生活そのものだ。

地球上には多くのハナバチ〔花蜜を集め蜂蜜を作るハチの総称〕がいる。その種の数はおよそ二万にのぼり、ほとんどが植物の生態にとってなくてはならない存在だ。しかしハナバチの文化史において、とりわけ注目されているのはそのうちのただ一種――*Apis mellifera*、すなわちセイヨウミツバチである。ミツバチは生物の中で唯一、ある種の技術を使い、外部から取り込んだ原料で何かを作り出すことができる。一例に、ミツバチと、カイコやウシを比べてみよう。後者は体が自然に作り出した物質を、人間が収穫して、織物や食物に加工する。人間が狩猟や飼育をする動物の肉や皮は、その動物を構成するものであり、欠くことのできないものだ。毛皮や筋肉なしでは生きられないし、そこから何かを作ることもできない。しかしミツバチのおもな生産物である蜂蜜はミツバチの体の一部ではなく、ミツバチが集めた原料から作られている。絹糸や牛乳とはちがって、蜂蜜はミツバチの職人的な社会の中で、その習性によって生み出された工芸品なのだ。蜂蜜は、ある意味ではウシやカイコの体から作られたチーズやソーセージや織物よりも、家畜として仕事をこなすウマやイヌの素質に近いものを持っているといえるかもしれない。他の社会性昆虫であるアリやシロアリにも同じく高度な組織と分化が見られるが、人間にとって非常に有益で価値のある生産物をも作り出すのは、ミツバチの素晴らしい習性だけだ。ミツバチは事実上、最初の家畜となったが、厳密に言えば、まるでその生産技術を守ろうとするかのように、決して飼い慣らされることはなかった。ミツバチ社会のあらゆる道理が、彼らを本質的に野生たらしめているのだ。

人類との出会い

ミツバチと人間とは、人類史が始まって以来の付き合いだ。養蜂家よりもはるかに古くから存在していた種であるミツバチは、人間が社会組織らしきものを発展させるより前に、驚くべき集団行動パターンの中で活動していた。人間がようやく社会的動物になると、野生のミツバチを襲い、巣の中にいるものを殺し、しまいにはその蓄えを丁重にくすねることを覚えた。まるで地球上にミツバチが存在するのは、賢明な利己主義と、正しく合理的なふるまい方を人間に教えるためと言わんばかりにだ。

ミツバチは人間と関わってきたその途方もない歴史ゆえに、他の多くの生物よりも注意深く観察され、称賛され、物語や神話が作られ、最近では畏怖の対象にもされてきた。人類の初期の絵や文書による記録には、ミツバチに関わる仕事が描かれているものがある。古代ギリシャの詩からハリウッドの最新のホラー映画にいたるまで、ミツバチは人と自然の、そして人と人との関係の象徴として描かれている。ミツバチのもつ神秘性と驚異性に駆り立てられた一七世紀の科学者たちは、発明されて間もない原始的な顕微鏡を使い、他のどの生物よりもまずミツバチを詳細に描いた。

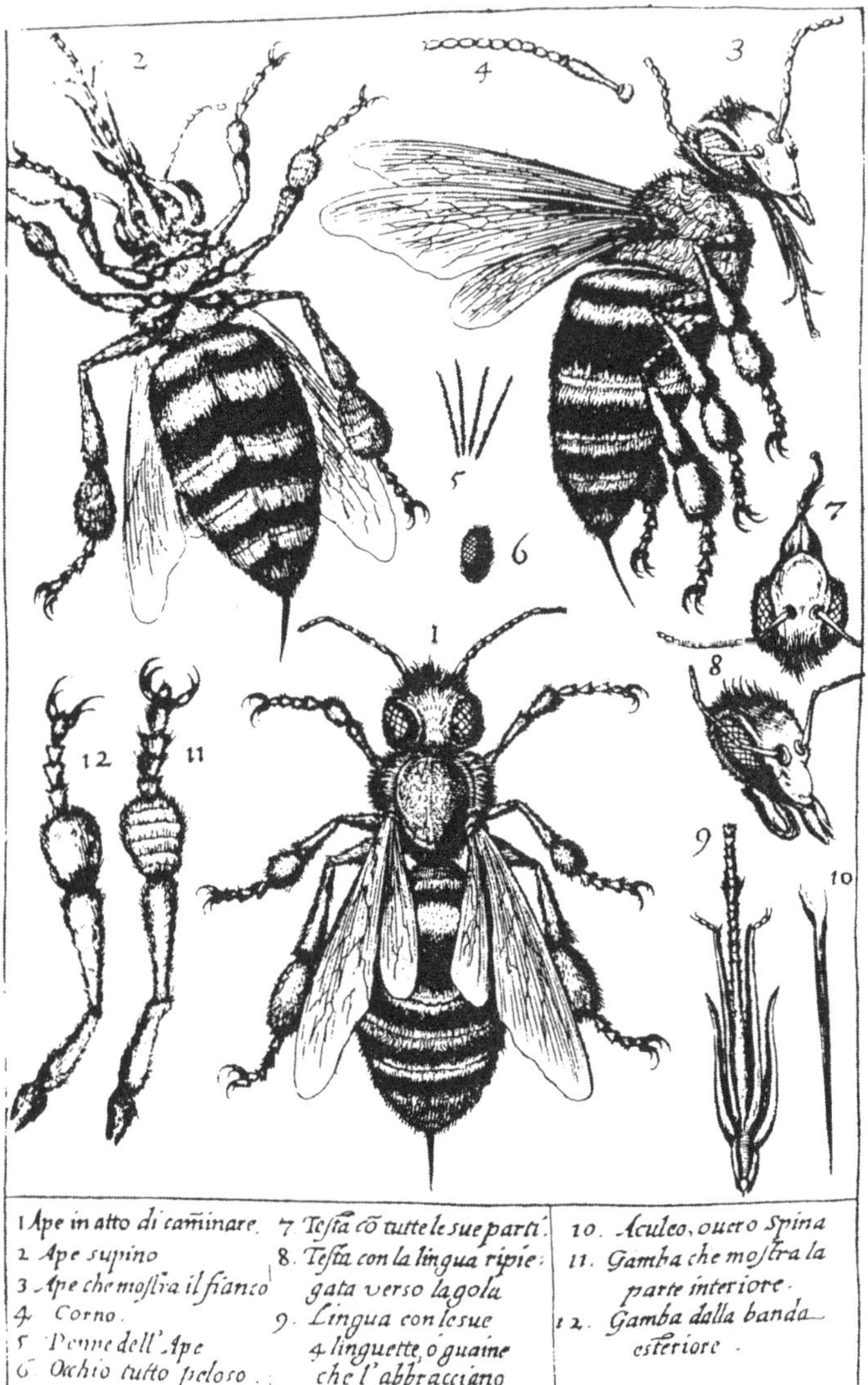

顕微鏡を使ったミツバチの最初期の解剖学的研究。フランチェスコ・ステルッティ著『Persio tradotto（ペルシウス著作集翻訳）』（一六三〇）より。

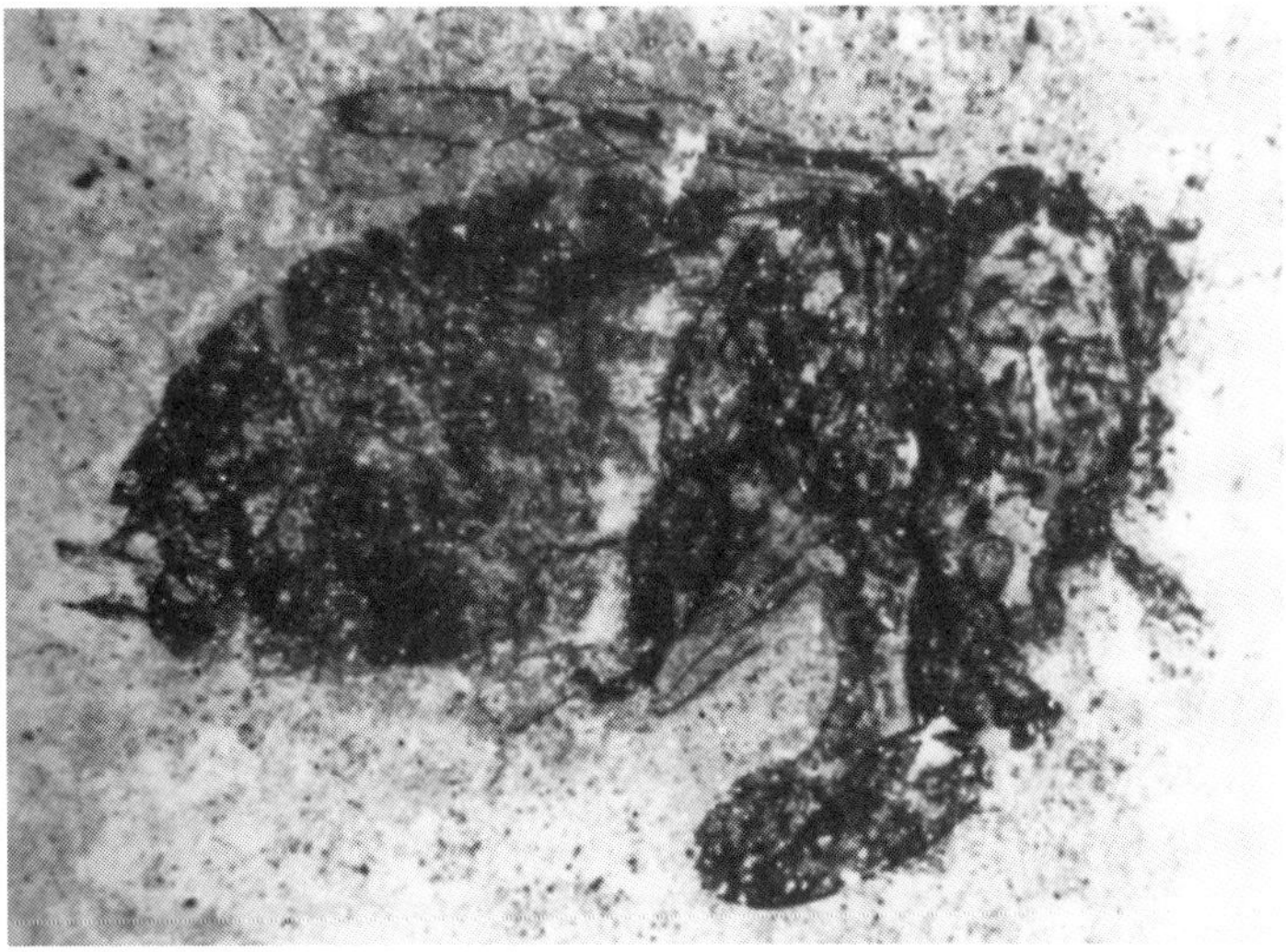

ドイツで出土した現生のミツバチの祖先、*Eckfeldapis electrapoides*の化石。およそ五〇〇〇万年前のもの。

ミツバチはあらゆるところにいる。しかしその広大な分布域に対して、ミツバチが文化に浸透している地域は限定的だ。ミツバチが登場する大規模な神話やミツバチの象徴化のほとんどは西洋のユダヤ・ギリシャ・キリスト教文化圏で起こり、派生していった。これは単にセイヨウミツバチが、その数ある亜種を含めた中でとりわけ蜂蜜の生産量に優れており、なおかつ家畜化にも適した気性をしているという理由からだ。アフリカ南部やインド亜大陸などの非西洋世界にも古くからミツバチ文化の伝統が根付いているが、家畜化ではなくミツバチ狩りが主であるため、巣箱にミツバチを飼い、いつでも絶えず観察できた地域と比べて、ミツバチの社会と行動に向ける目もさほど熱心なものではない。

セイヨウミツバチ（*Apis mellifera*）は南アジア（おそらくアフガニスタンとその周辺）に起源

をもつが、極東地域では注目すべきミツバチの伝統がほとんど存在しない。おそらく、甘党というのが西部や北部に見られる現象で、アジア文化では蜂蜜の需要が比較的少なかったからではないだろうか。セイヨウミツバチは一五三〇年代に南アメリカ大陸に移入されたが、メソアメリカのマヤ人たちはそのはるか以前から針をもたないハナバチ（ミツバチ科ハリナシバチ亜科の仲間）を家畜化しており、神話や記録にも登場させてきた。北アメリカ大陸にはもとよりミツバチに関わる伝説が存在せず、ミツバチは一六二一年になってようやくオランダ人によってバージニア州に移入され、先住民からは「イギリス人のハエ」として知られていた。だからこそ、誤解のないよう断っておくが、本書は地中海地域やヨーロッパをひいきして、非西洋における伝統を故意に無視したのでも、失念したのでもない。ただそこでミツバチが繁栄していただけなのだ。

マヤ人によるミツバチの図像。

ミツバチに見いだされる多様なイメージ

ミツバチの豊かな歴史の中では、興味深い矛盾した意見がいくつか生じている。一匹のミツバチの性質は「無私性」とみなされ、古代から近世の伝承の多くに取り入れられてきた。礼節を体現するかのように、ミツバチはつねに公益のために働き、私欲に走るようなことは決してない。ミツバチは自然界の仕事中毒者なのだ。ところが脱工業化時代に入ると、同じ無私性でも大衆行動の形をとることで、無防備な人に理不尽かつ不意に襲いかかる、意思のない、ひどく凶暴な怒濤の群れという恐怖を生み出した。ミツバチ自身は、もちろん生まれつきの義務に従っているのであり、生存本能に従う他のどんな生物とも同じように、無欲でもなければ、公共精神からくる無私でもない。しかしこれが、計り知れない大きな力への機械的な服従というふうに解釈されてきた。だからこそミツバチは、社会風刺作家や政治論客たちのお気に入りなのだ。実際、権力論者たちは養蜂を、抑圧された働きバチから労働力を搾取する行為ととらえ、奴隷化の一つの形とみなしている。[*2] 本書ではこのような、群れの恐怖に対する道徳的な集団労働、集合意思に脅かされるかのような個性や自己決定といった、歴史上の相反する考え方も取り上げていく。

これと関連した、もう一つの矛盾する説がある。ミツバチは公共を重んじる、高度に進化した複雑な階級社会の一部ととらえられている。一方で、他と関わらず、慎み深く、人目を避け、内向的で、無個性な存在であり、驚異的な自然の仕組みの匿名の一つの歯車であることに満足しているとも考えられている。このことからミツバチは公と私の双方における美徳と結びつけられている。社会的利益を求める外交的な生活だけでなく、古くより憧れの慣習である、公的生活からの引退をも象徴しているのだ。ホッブズの言う「共通の利益と私的なそれが一致している[3]」（『リヴァイアサン〈I〉』トマス・ホッブズ著、永井道雄、上田邦義訳、中公クラシックス、二〇〇九年）とは、引退した個人も国家における共同生活の中で市民としての役割を担っているということであり、それこそがミツバチ神話の中核をなすものだ。この神話は、その信奉者たちが少し違った形の隠棲生活を送るきっかけにもなった。シャーロック・ホームズは探偵業から退いたあと田舎へ移り、そこで『養蜂実用ハンドブック、付、女王蜂の分封《ぶんぽう》に関する若干の見解[4]』（『詳注版シャーロック・ホームズ全集〈10〉』アーサー・コナン・ドイル著、W・S・ベアリング＝グールド解説と注、小池滋監訳、高山宏訳、ちくま文庫、一九九八年）と題した大作をじっくりと書き上げた。ジョージ・マッケンジーは一六六〇年からの王政復古時代、イングランドでひとり瞑想にふけって過ごした数年を称え、隠棲したピリスコスを引き合いに出し、もっとも社会的な生物である「ミツバチの観察に五〇年もその身を捧げた偉大な哲学者」と書いている[5]。ヘンリー・デイヴィッド・ソローにとっては、マサチューセッツ州のコンコード周辺でミツバチの伝承に学んだ田舎の人々は、ある種の自然の知恵を獲得したように感じられたようだ。「私は科学に疎い人の知識が一番好きだ。そこには人間性があふれている[6]」。アメリカの批評家・作家のジェイムズ・フェニモア・クーパーの描いた、孤独なアメリカ人の開拓者であり蜂蜜採りでもある男は、ミツバチの生活の中に心地よい市民道徳を見いだして言う。「ひとりで、頭が働いているときには、この荒野でいつもこんなことを考える[7]」。彼らが公的な美徳や行動をもっとも強く意識させられたのは、隠棲生活の中でミツバチとともに過ごしているときだった。

職人としてのミツバチや、蜂蜜そのものの美徳には民俗的・神学的な言い伝えがある。自然界のある象徴的な特色を論ずるにあたって、クロード・レヴィ＝ストロースはミツバチと蜂蜜を、自然と文化のあいだで揺れ動くものと位置づけた。ミツバチは「野生」であっても明らかに文化をもっており、生の食料――自然なもの、原始的なもの、飼い慣らされていないもの――に手を加え、調理することで食べられるもの、飼い慣らされたものへと変える。この類推においてミツバチは料理人であり、純粋な花蜜を集め、化学や熱の処理を加えることで蜂蜜へと変える。レヴィ＝ストロースが関心を寄せていた南アメリカの部族の知識が、蜂蜜作りの過程を分析し、このような類推ができるほど進んでいたのかどうかは定かでないが（南アメリカのいくつかの部族にとっては、木の中で見つかる蜂蜜は野菜とされていた）[*8]、興味深いのは、ミツバチがワラオ族、パラナ・グアラニー族、トゥピ族の根源的な創世神話に登場し、ギリシャの伝説と同じように幼い神々を養ったとされることや、キリスト教の寓話にもあるように、神格と関連付けられている（スズメバチは裏切り者の登場人物に由来している）ことで、世界中の起源神話にもミツバチは登場する。確かに、あのまぬけなクマのプーの初めての冒険は「一〇〇エーカーの森」自体の起源神話ともいえるもので、クマなりの思いつきで、青い風船でミツバチたちを騙して蜂蜜を失敬しようとするおなじみの話だ。もちろん、どのクマよりも賢いミツバチが引っかかることはなかった。

雄弁と不死の表象

西洋の伝承では、蜂蜜は雄弁や不死性、純粋な喜びの象徴だ。幼いプラトンは両親にアテネ近くのイミトス山の斜面に捨てられたあと、ミツバチが彼の口に蜂蜜を運んで養ったとされ、それから彼の言葉は唇からしたたり落ちる蜂蜜のようになったという。詩人ピンダロスもまた、眠っているあいだにミツバチから蜂蜜を与えられたといわれ、[9] 同様の逸話がソポクレース、クセノポン、ウェルギリウス、ルカヌス、聖バシレイオスについても伝わっている。[10] ミラノの聖アンブロジウス（三四〇～三九七年）とクレルヴォーの聖ベルナルドゥス（一〇九〇～一一五三年）はその甘い弁舌から、「蜂蜜の流れ出る博士」（doctor mellifluus）と呼ばれた。聖アンブロジウスはミツバチの巣箱と、聖ベルナルドゥスはミツバチの群れとともに描かれることが多く、どちらも養蜂家、ミツバチ、蝋燭職人、蝋の溶解・精製業者の守護聖人となっている。さらに聖ウァレンティヌスとアイルランドの聖モドムノクもまた、養蜂家と関連付けられることがある。

哲学者デモクリトスは死に際して、蜂蜜の中に葬ってくれるようにと頼んだ。おそらく、実践的な解剖学者の先駆けであった彼は、蜂蜜が生物標本の保存剤として素晴らしい効果をもつことを知っていたからだろう（もちろん、理由は分かっていなかったはずだ。蜂蜜の高い浸透圧――水分を排出させる力と抗菌作用のある酵素が、腐敗や感染を防ぐためである）。ハーマン・メルヴィルの描いた捕鯨人は、蜂蜜に最大の賛辞を贈っている。芳《かぐわ》しく心地よい鯨の脳油を「柩《ひつぎ》として、また墓所として眠る」こと以外で、

「より甘美な死に方ですぐ思いつくのはひとつしかない——それはオハイオ州の蜂蜜採りの甘美な死に方だ。この男は、うつろな木の叉《また》に蜂蜜をさがしているうちに、格別に大量の蜜をたくわえる洞《ほら》を見つけ、あまりにも奥にまで身を乗りだしたので、蜜の池に吸いこまれて、蜂蜜づけの死をとげたという。このように、蜜をたたえたプラトンの頭に落ちこんで甘美な死をとげた者がどれほど数おおいか、諸君はかんがえたことがあるだろうか？」[*11]（『白鯨（中）』メルヴィル著、八木敏雄訳、岩波文庫、二〇〇四年）

「プラトン」と題された一七世紀の風刺詩《エピグラム》は、甘美さと保存性を結びつけている。「汝の甘き口を巣に選んだミツバチは、汝の著作から蜜を集めて生き続ける」[*12]

生態系の健全さは、ミツバチの健全さか

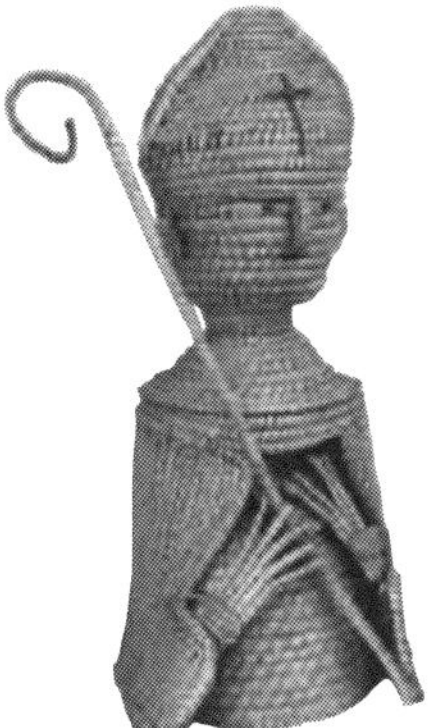

右・「蜂蜜の流れ出る博士」として描かれた聖アンブロジウスは、養蜂家の守護聖人だった。
左・聖アンブロジウスを模した、枝編みのミツバチの巣箱。

らある程度判断できる。この暗示が、多くの終末論で語られる天国や約束の地に蜂蜜が満ちあふれているいる根拠となっているのは間違いないだろう。イスラム教の聖典クルアーンでは、楽園には蜂蜜の川があると約束され、[*13]ユダヤ教の伝承にある天のエルサレムは蜂蜜の泉で囲まれているという。マサチューセッツ湾植民地に入植したピューリタンは、教徒たちのために聖書に約束された「乳と蜜の流れる土地」をよみがえらせた。まだ蜂蜜を作るミツバチもいなかった時代にだ。

群れとしての存在

ところが、ミツバチと結びつけられたこれらの雄弁、隠棲、哲学、甘美な死、救済といったイメージは、ミツバチという生き物自体とは程遠いものだ。過労死に幸福を覚えるというのでもない限り、ミツバチが喜びに気をとられるということはありえない。近年のある小説の登場人物はこう評する。「蜂に働くなと言ったって無理なことだ」[*14](『リリィ、はちみつ色の夏』スー・モンク・キッド著、小川高義訳、世界文化社、二〇〇五年)。ミツバチは感傷的でもロマンチックでもなければ、哲学者たちにインスピレーションを与えてはいるが哲学的でもなく、隠棲してひとり瞑想にふけるわけでもない。「一匹のミツバチは、いないのと同じ」、だからこそ、西洋の一般的な個性や自己主体性に対する考え方のほぼすべてが、ミツバチの研究においては何の手がかりにもならないのだ。一匹のミツバチは、確かにいないのと同じである。「しかし力を合わせたミツバチの群れは、たいへん有益で、きわめて心地よく、ひどく恐ろしい——飼い主にとって有益で、彼ら自身にとって心地よく、その敵にとっては恐ろしいのだ」[*15]。ミツバチはつねに共に生き、複数で、公的で、無個性で、まとまった一つの生き物だ。「名声などには目もくれず、公利が彼らを駆り立てる」と一八世紀後期の崇拝者は書いている[*16]。ミツバチはその構造、内分泌系、行動——生体のすべてが、蜂の巣という自然界の効率的な工場の代替可能な一部品として機能するためにだけ進化してきた。詩人のモーリス・メーテルリンクは言う。「それは蜜蜂が何よりも……群れの生き物だということである。……一匹だけ隔離されると、どんなに大量の食物と適温を用意しても、蜜蜂は、飢えや寒さのためではなく、孤独のために数日をまたずに息をひきとってしまう」[*17]。(『蜜蜂の生活』モーリス・メーテルリンク著、山下和夫、橋本綱訳、工作舎、一九八一年)

私たちがミツバチを崇拝し、怖れる理由はその匿名性にある。西洋の心理的組織において、個性と社会的帰属は基本的に対立するものであり、同程等に強い欲求でもある。ミツバチは一見、完全な社会調和の好例を示しているように思える。しかしよく観察すれば、孤独や個性、隠棲生活と向き合うきっかけを彼らが与えてくれる。ミツバチが目的をもって仕事に取り組む姿を目にしたことがあれば、ひたむきな彼らの厳格な美しさに敬意を覚えると同時に、なぜ彼らがこれほどまでに哲学者や作家、芸術家の心を動かしてきたのか考えることだろう。小さな体に大きな心をもつかのような、このちっぽけな生き物の勇敢な仕事は、ひたすら利益を得るためだけに行われているように見える。ミツバチは花蜜と花粉にまみれて自らの職務を果たし、文字通り死ぬまで働く。わずか数週間の生涯のうちに、一日におそらく一〇〇〇回は訪花し、擦り切れた羽は衰えと、そう遠くない最期をうかがわせる。ミツバチの繊細な生態構造が環境条件体に対して極端に脆弱なこともあいまって、その仕事は素晴らしく美しい。それでも、刺激した覚えはないのにミツバチの針の被害に遭った経験があるなら、事実に反して人間の想像どおりにふるまう、擬人化されたミツバチの姿を恨めしげに思い浮かべ、古くさいばかげた考えだと頭から振り払いたくなるだろう。

詩的言語への還元

詩人オシップ・マンデリシュタームのミツバチに対する見方は、こうした対立のいくつかを併せもったものだ。

さあ、どうか受け取っておくれ、わたしの双つの掌から
このわずかな陽光とわずかな蜜を、
ペルセポネーの蜜蜂たちがわれらに命じたように。

係留してない舟のともずなを解くことはできない、

毛皮をはいた影の跫音《あしおと》は聞きとれない、
鬱蒼とした生の恐怖にはうち勝てない。

わたしたちに残るのはただキスだけ、
それは巣箱から飛び立ったあと、死んでゆく
小さな蜜蜂たちのように、むく毛が生えている。

蜜蜂たちは夜の透明な密林でかさこそ、
その郷里はタ④ユゲトスの鬱蒼とした森、
その糧は時間とヒメムラサキと薄荷。

さあ、どうか受け取っておくれ、わたしの野生の贈物を——
蜜を陽光に変えて、死んだ蜜蜂たちからできた
この粗末な乾いた首飾りを。*18

（『トリスチア』オシップ・マンデリシュターム著、早川眞理訳、群像社、二〇〇三年）

マンデリシュタームの詩について言えば、ミツバチたちが陽光を蜜に、そして蜜を蝋燭の灯に変えるという、ほとんど魔法のような過程が描かれている。そこからは疲れ果てたミツバチ

の憂鬱な無私性がうっすらと感じられ、ぼろぼろになった死骸は、無慈悲にも命と引き換えにその証として蜂蜜を残すという奇跡を思わせる。マンデリシュタームのミツバチ（彼の作品にたびたび登場する）は、古代の重要な象徴性をいくらか保っており、ギリシャの伝説にあるように賢く、とくにデーメーテールやペルセポネーといった、多くの大地の女神と関わりをもつ。ある物質を別の物質に（形のない陽光を粘り気のある蜂蜜に、そして蜂蜜を再び陽光に）変えるというミツバチの神聖な性質は、中世におけるミツバチとキリストの聖なる結びつきを想起させる。また再生を描いた結びの部分は、ミツバチを大国に還る霊魂の具現化したものとする古い信仰も暗示している。詩、それも詩を作ること自体の本質について詠んだものは、形のないもの（思考や経験）を言葉――ブンブンという羽音に変える業《わざ》であり、マンデリシュタームの多くの詩に見られるように、インスピレーションに満ちた精神的な雰囲気を、詩人が秘跡のごとく変換した言語で書かれている。彼の他の詩にはこうある。「すべてが音をたてて揺れている／空気は比喩におののいている」[*19]。（『石』オシップ・マンデリシュターム著、峯俊夫訳、国文社、一九七六年）

疲れ知らずで、あらゆる場所に巣を作り、花蜜を集めるこの昆虫は、現実の世界と同様に私たちの文化にもくまなくすみついてきた。私たちはミツバチと共鳴しながら自身について考えてきた。その自然史については誤解も多かったが、独創的な解釈によってそこからさまざまな喩えを生み出してきたのだ。

2

ミツバチ、その驚くべき生態

蜜蜂は、冷厳で無意識的な自然の中で生活するために、この世に生まれてきている
モーリス・メーテルリンク『蜜蜂の生活』（一九〇一年）[*1]（『蜜蜂の生活』モーリス・メーテルリンク著、山下和夫、橋本綱訳、工作舎、一九八一年）

見事な社会構造や、忠誠心、勇気、知恵――ミツバチの驚くべき伝承は数あれど、その生態ほど不思議なものはない。ミツバチはハチ目《もく》の有剣類《ゆうけんるい》（メスが針をもつ昆虫）に属し、その中でミツバチ上科《じょうか》（有剣類の他の上科にはスズメバチやアリが含まれる）を形成する約二万種のハチのうちの一つだ。ミツバチ上科にはシロアリを除くすべての「社会的」または「政治的」な昆虫が含まれる。[*2]つまり、コロニー（集団）の中に労働者階級と、それぞれが特別な能力をもつ個体

が存在し、団結して繁殖し、食料を集め、または作り、効率よく勢力を拡大していく昆虫のほぼすべてが含まれるということだ。いくつかの種のミツバチの集団行動は、その特徴ゆえに彼らをある意味で「家畜化」することができたといえるものであり、あらゆる生物の中でもっとも複雑なものだ。

ハナバチが社会性をもつのはごく一部の種

ところが、古代からの伝承に反して、ハナバチのほとんどの種は社会的ではない。ミツバチ亜科とハリナシバチ亜科に含まれるわずかな種だけが社会的で、大量の蜂蜜を生産することからもっとも人間の興味を引いてきた。ミツバチ亜科、ミツバチ属の *Apis mellifera*（「蜜を運ぶハチ」——誤称である）種というのが、自然分布や人間による移入によって世界中に存在するセイヨウミツバチに貼られた学術的なレッテルだ。しかし、一七五八年にカール・フォン・リンネによって付けられたこの学名は誤解を招きかねない。ミツバチは蜂蜜を花から運ぶのではなく、ある程度まで自らの蜜胃《みつい》の中で生成したあと巣に貯蔵するからだ。リンネは誤りに気づいて *Apis mellifica*（「蜜を作るハチ」）と命名し直そうとしたが、最初に付けられた学名が優先されるという当時からの命名規則により、古い名前が現在でも使われている。*3 セイヨウミツバチには西洋産の亜種とアフリカミツバチという亜種があり、西洋産の亜種には濃褐色のコーカサスミツバチと淡黄色のイタリアミツバチ、カルロニアミツバチ（穏やかな気性と正確な労働の習性から、養蜂家にとって最適といわれている）などが含まれる。ミツバチはユーラシア大陸原産でありながら、世界中の温帯、とくに在来のミツバチがいなかった新大陸やオセアニアで繁栄した。他にもセイヨウミツバチのアフリカ産の数亜種や、アジア産のトウヨウミツバチ（*Apis serena*）、オオミツバチ（*Apis dorsata*）などその土地土地に固有のミツバチがいる。この三つの群は、その生産能力の低さや管理のしにくさから温帯での養蜂には適さず、ミツバチの考察において資料とされることも少ない。これも本書の内容の大部分が西洋中心に徹している理由の一つだ。

ミツバチの身体性

ミツバチはあらゆる昆虫と同じく、六本の脚と、膜でつながった外骨格をもつ。しかしミツバチ上科に属する他のほとんどの昆虫が光沢のある滑らかな背板《はいばん》をもつのに対して、ミツバチは花粉をくっつけるための毛で覆われている。働きバチと女王バチには獲物に毒を送り込む針があり、毒針はぎざぎざしていて、簡単には肉から抜けないようになっている。そのため飛び去ろうとすると内臓が引き抜かれ、刺したハチはまもなく死んでしまうのだ。しかし肉のない外骨格を持つ他のミツバチであれば、刺しても生き残ることができる。他のハナバチには、何度も刺すことができる種もいる。

ミツバチは他の多くの昆虫と比べて、体のサイズに対してきわめて大きな脳（一ミリグラム）

をもつ。加えて運動の大部分を制御する腹部神経節をもつため、頭部がちぎれても飛んだり、歩いたり、刺したりすることができるが、脳に統制される社会的任務はいっさい行うことができない。複眼はミツバチのカースト（階級）によってその大きさと機能が異なる。もっとも大きな眼をもつのは、結婚飛行中の女王バチを見つける必要のある雄バチ。もっとも小さな眼をもつのは、おそらく一生のほとんどを巣の中で卵を産んで過ごすことになる女王バチだ。

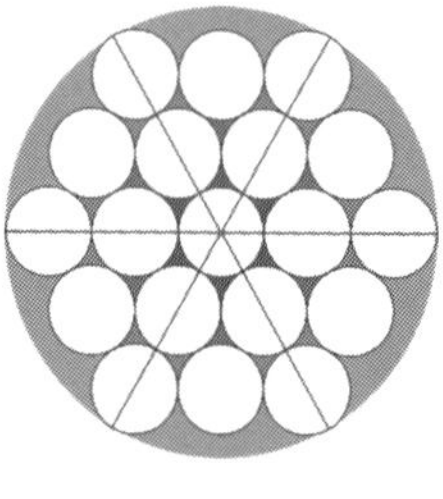

菱形の図形は、ミツバチの複眼で見たときの歪みを表している。

ミツバチはさまざまな音を出す。例を挙げると、新しい女王バチが巣房から出ようとするときに出すパイピング、育児バチが幼虫用の「蜂乳《ほうにゅう》」を余分に作るときに出すウォーブリング、巣の外壁になにかがぶつかったときに働きバチが出すヒッシングなどがある。こうした音はみな、胸部にある気門（または気嚢の弁）から空気を出すことで発生する。巣から盛んに羽音が聞こえてきたら、それはじきに群れが飛び出してくる警報と考えてよい。戦時中のイギリスの養蜂家でＭＢＥ勲章（大英帝国勲章第五等勲爵士）受章者のエドワード・ファリントン・ウッズは、養蜂家になにが起ころうとしているのかを知らせる電気式の「アピディクター」を考案したが、特許を取得したこの装置は商業的成功には至らなかった。[*4] ところが、ミツバチは物体の表面の動きと空気中の粒子の振動を感じる能力はあるが、聴覚器官をもたないことが今のところ分かっており、こうした音を出す理由は未知のままだ。したがって、はるか古代から現在も続く、「タンギング」（金属製の器具を打ち合わせてミツバチを呼ぶこと）にまつわる数々の習慣はまったくといっていいほど無意味だ。ミツバチには音は聞こえなくとも、その二本の触覚は触覚と嗅覚に対する鋭い感覚器官を備えている。ミツバチは花弁の表面構造を識別し、匂いを検知することができるのだ。最近の研究によれば、ミツバチは造形的な嗅覚をもっている——つまり、形に匂いを感じている可能性があるという。ミツバチに電界を感知する能力があることは、嵐が来る前に騒ぎ出すことから分かる。また他の多くの生物と同じように地磁気を感じることができ、これを道しるべに使い、おそらくは巣作りにも役立てていると思われる。しかし重力は彼らの活動にさほど影響がないらしく、アメリカ航空宇宙局（NASA）があるスペースシャトルミッションにミツバチを載せて行った実験によると、その生殖と巣作りの能力は無重力下でも衰えることがなかった。

濃淡さまざまな黄色、黒、褐色の縞模様をもつスズメバチ科のハチの体は、ミツバチと間違われることがよくある。しかしスズメバチは肉食で、他の昆虫（ミツバチを含む）だけでなく腐った肉や魚まで食べる。ミツバチと同様に花蜜を集め、果実などの甘味物質に引き寄せられるが、蜂蜜を作ることはない。スズメバチの巣は、幼虫を育てる巣房で構成されているミツバチの巣と同じように、壊れやすく、紙のような構造をしており、木の繊維と唾液で作った提灯《ちょうちん》を思

金属の器具を打ち鳴らしてミツバチを呼ぶタンギング。ウェルギリウス『農耕詩』より、ヴェンツエスラウス・ホラーによる挿絵（一六九一年）。

わせるものだ。巣は毎年秋になると放棄される。越冬するわずかな女王バチを除いて、ほぼすべてのスズメバチが死に絶えるからだ。スズメバチは噛みつくこともできるし、繰り返し刺すこともできる。

慎ましやかな食性

肉食のスズメバチとは異なり、ミツバチの成虫は花蜜と花粉と水から作られた蜂蜜だけで栄養を補う。この材料となる物質を集めるため、働きバチの吻《ふん》は分化し、雄バチや女王バチのものより長くなっている。ミツバチが吻を使って花から蜜を集めると、弁で区切られた消化管や蜜胃に送られる。ミツバチが集めた花蜜をそのまま食べてしまうことはめったになく、代わりにすでに生産され、巣に貯蔵されている蜂蜜を食べる。しかし花蜜を蜂蜜に変化させる過程は、ミツバチの各個体の蜜胃の中で始まる。花蜜は蜜胃でインベルターゼという酵素と混ぜられる。花蜜のショ糖（スクロース）はブドウ糖（グルコース）と果糖（フルクトース）に変化し始め、巣の中でも反応は進む。

タンパク質に富む花粉は若いハチの食料となり、幼虫の発達にも欠かせないものである。ミツバチの毛は、ミツバチが花に入り込むと自然に花粉をくっつけるようになっているが、マルハナバチのいくつかの種では特定の花（トマトなどの野菜や果物）に対して吻が短すぎるため、「振動授粉者」として進化することで集粉の機会を増やしてきた。研究者いわく「（ピアノの）真ん中のド」の音を出す振動で自らの毛の上に花粉を振り落とし、巣に持ち帰るのだ。ミツバチは他にも、酵素を使い体内でローヤルゼリーや幼虫を育てるための蜂乳といった食料を作り出す。

複雑な社会組織

高度な社会組織を発達させてきたおかげで、ミツバチは大規模な蜂蜜の生産を行い、縮小したコロニーを維持して越冬させることができるようになった。コロニーは春が来ると、巣の仕事を再開する。大量の蜂蜜があれば、貯蔵庫と防衛システムが必要になる。そして蜂蜜の生産、貯蔵、防衛に関わるさまざまな任務が、ミツバチの労働をひときわ専門化させてきた。ミツバチの巣は、成虫の一匹の女王バチと、その子供たちであり、形態の異なる何万匹というメスの「働きバチ」で構成されている。女王バチはつねに働きバチの従者たちに付き添われ、食料を与えられ、身繕いされ、体温を調整してもらうことで、巣内での唯一の仕事である産卵を滞りなく行うことができるのだ。メスの働き

女王の従者。ウィリアム・コットン『A Short and Simple Letter to Cottagers from a Conservative Bee-Keeper（ある保守的な養蜂家から農夫たちへの短く簡潔な手紙）』（一八三八年）より。

バチは、その他のコロニーの仕事をすべて引き受けている。

コロニーにいるオスは、はるかに数の少ない雄バチ（「役立たずで有害なごくつぶし」）[*5]だけだ。彼らも女王バチの子供たちではあるが、女王と交尾することがただ一つの役目であり、ひとたびこの目的を果たすと（もしくは、繁栄したコロニーではほとんどの年がそうであるように、彼らの出る幕がまったくない場合）、働きバチによって巣から追い出され、餓死してしまう。この毎秋見られる数千という雄バチの追放劇は、動物界でも屈指の驚くべき光景だ。働きバチは容赦ない。雄バチはコロニーの維持に関わる仕事をいっさいせず、食料を自給することさえできない。だから彼らが越冬して貴重な資源を浪費することは許されないのだ。

もっとも有能な専門家たちが働きバチだ。彼らは巣を作り、子育てをし、蜂蜜を作り、花粉を砕き、護衛し、運び、集める。こうした仕事は彼らの発達の段階

女王の従者。ヴィルヘルム・ブッシュ『*Buzz a Buzz, or The Bees*（ブン・ブン、または、ミツバチたち）』（一八七二年）より。

と関係している。言いかえれば、すべての働きバチは、成長とともにこれらの役目をつぎつぎに担当していくのだ。新人の働きバチは育児、清掃、巣の建設と補修を、少し成長すると蜂蜜作りと見張り番を、そして最年長になると花粉と花蜜集めを引き受ける。女王バチは最長で四〜五年生きられるが、働きバチはふつう夏で四〜五週間、遅い時期に生まれ、越冬の必要がある場合は数カ月間の命だ。ルドルフ・メンツェル博士による最近の神経学研究によれば、ミツバチは私たちが思っていたよりもだいぶ怠け者で、もっと身を入れて働けそうなときに休んでいるのではないかとされている。とはいえこの推測も、彼らは寝る間も惜しんで夜も働いているはずだという理不尽な期待にもとづいたものだ。実際には、ミツバチはわずか数週間の労働を終えると目に見えて消耗するし、自らも本格的な養蜂家である作家のポール・セルーはこの生き物を擁護している。「彼らがダンスするのも、蜂蜜の中でうろたえているのも、女王バチの身繕いをするのも見たが、サボっているのだけは一度も見たことがない」[*6]

ミツバチのこれらの三つのカーストは共依存関係にある。女王バチと幼虫は働きバチの世話なしには生き残れないし、女王バチは雄バチなしには働きバチを産むことができず、雄バチには自給自足ができない。働きバチは卵を産めず、女王バチがいなくなると産卵するが、この場合には子供はすべて雄バチになる（コロニーにとっては壊滅的な状況だ）。他のハナバチの種、たとえばマルハナバチはここまで共生的な組織をもたない。マルハナバチの女王バチは働きバチと似た形態をしており、働きバチとしてたった一匹でコロニーを作り始め、巣内のあらゆる職務をこなしていくうち、やがて自分の補助をする働きバチを産めるようになり、労働の分担が確立する。ミツバチのコロニーは、縮小したとはいえそれでも相当数の個体群を越冬させるため過剰な量の蜂蜜を作って貯蔵するが、マルハナバチの仲間は秋にわずかな未交尾の女王バチを残して死に絶え、春にはまた一からコロニーを再建しなくてはならない。さらにハナバチの他の種には、二匹かそれ以上の女王バチが巣を共有するだけのものもおり、「擬似社会的」、「準社会的」、そして完全な単独生活を送るハナバチはそれ以上にいる。

一般的なよくできた人工巣箱は、四万～一〇万匹の、そのすべてが一匹の女王バチの子どもであるミツバチを収容することができる。野生のコロニーも同じであるようだ。自然や野生の状態のミツバチの女王バチは、その生涯の早いうちに一度きりの「結婚飛行」を行う（ただし商業目的で作られた女王バチは人工授精をしているため、この飛行が認められることはない）。結婚飛行は、死ぬか分封（女王バチがコロニーの働きバチの半数近くとともに新しい巣へと移る現象）するかした前女王の代わりとして新しく誕生した女王バチが、性フェロモンを撒きながら空を飛び、自分の巣や付近の巣から雄バチを呼び寄せる行為だ。女王バチを捕まえた雄バチはみな飛行中に交尾し、この結合により雄バチは内臓を引き抜かれる。この飛行で、女王バチは一生ぶんに足る精子を受け取って貯精嚢に蓄え、生涯の生殖に費やすのだ。そのため、いついかなる時でも巣の中のミツバチは、さまざまな父親をもった、義理の、あるいは実のきょうだい同士である。巣に戻った女王バチは、体内受精した卵を残りの生涯で一日に約一〇〇〇個、働きバチが巣の中に作った蜜蝋の小部屋である巣房に直接産み付け、毎日およそ同数の成虫が羽化する。受精卵はほぼすべてが生殖能力のないメスの働きバチとして発生する。ごくわずかな働きバチの幼虫だけ

育児バチ。ヴィルヘルム・ブッシュ『*Buzz a Buzz, or The Bees*（ブン・ブン、または、ミツバチたち）』より。

が、現在の女王バチが生殖能力を失ったり、死んだり、分封して巣を去ったりしたときのための次期女王として育てられる。きわめて少数の未受精卵は雄バチになる。これらが幼虫として孵化すると、若い育児バチの「蜂乳」と呼ばれる腺分泌物を栄養にして育っていく。やがて女王候補となる幼虫は、より広い巣房で育児バチから特別な世話を受け、働きバチのまた別の腺分泌物であるローヤルゼリーを食べて育つ。カーストにかかわらずすべての幼虫は非常に早く成長し、数日ののちに巣房にふたをされると、糸を吐いて繭《まゆ》を作り、蛹化《ようか》を始める。羽化が完了すると（二〜三週間後。カーストによって異なる）蛹皮を脱ぎ捨て、巣房を食い破って外へ出る。

職能分化の仕組み

働きバチの多種多様な仕事は、それぞれ異なる酵素の分泌物によって制御されている。もっとも若い働きバチは下咽頭《かいんとう》腺から蜂乳とローヤルゼリーを分泌する。一〇日ほど経つとこの酵素分泌物は止まり、育児バチから他の職務へと移行する。少し成長した働きバチは腹節のあいだからうろこ状の蜜蝋を分泌し（一個体につき体重の半分の量の蜜蝋を、発達のこの段階のうちに作ることができる）、巣の建設や補修に使う。最年長の働きバチは巣を離れて採集に向かい（最大でおよそ三〜五キロメートルまで）、集めた花粉や他の甘味物質を蜂蜜に変える反応を起こすインベルターゼを分泌できるようになる。すべての働きバチと女王バチは孵化した瞬間から毒を生成するようになるが、羽化したてのミツバチの体は柔らかく、数日間は針で刺すことができない。これらのさまざまな職務の高度な専門性が、コロニー内での組織的労働の大きな特徴となっている。そして化学的に操られているとはいえ、労働がこれほど多様で可変的ならば、個体間でのある種のコミュニケーションがときに不可欠だと感じられるだろう。ミツバチはフェロモンによって仲間の働きバチを認識し、女王と交尾し、採集中のミツバチを巣に呼び戻し、侵入者を攻撃し、群れをなし、従者の行動を促すことができる。しかし、たとえば蜂蜜の量が豊富な年に、巣内に新しく貯蔵庫を作ろうなどといったミツバチの判断能力は、部分的にしかフェロモンの生成にもとづいておらず、まだ解明もされていない。だが、ミツバチがダンスという伝達手段によって、花粉や花蜜の場所についての正確な情報を共有していることははっきりと分かっている。詳しく研究されることのなかったこのダンスが、どうやら食料源までの距離と方角を伝えているらしい。[*7]ミツバチの群れ（女王バチとともに新しい巣を作る場所を探している集団）も、新しい巣の場所を決めて報告する偵察バチのダンスに誘導されているのだ。

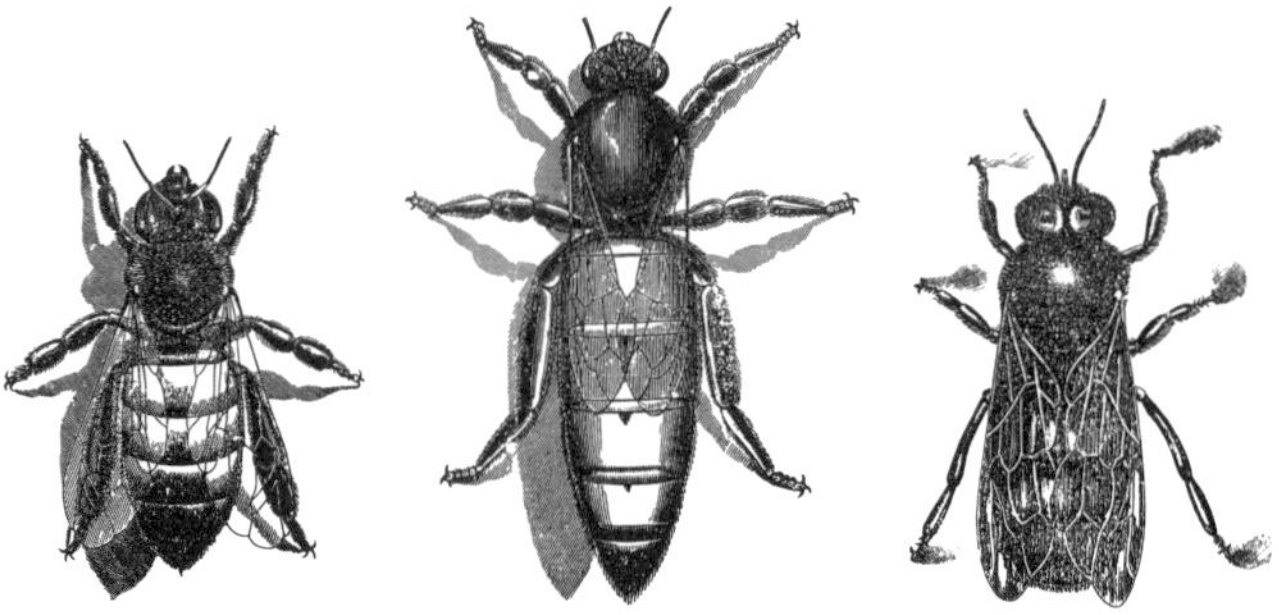

ミツバチの三つのカースト。左から働きバチ、女王バチ、雄バチ。A・I・ルート『*The ABC and XYZ of Bee Culture*〔養蜂大全〕』（一九〇八年）より。

ハナバチの生息地は、南極大陸と北極の氷帽《ひょうぼう》をのぞいたほぼ全地球上に及ぶ。海抜〇メートルより低い場所にすむものもいれば、いくつかのマルハナバチの種は地下にすむこともある。また、ヒマラヤ山脈の標高三五〇〇メートル地点で見つかるハナバチもいる。セイヨウミツバチのヨーロッパ産の亜種はそれぞれが著しく異なる行動を見せ、南にすむものほど気性が荒く、刺しやすくなり、地中海周辺と北アフリカ産の亜種は北や西ヨーロッパのものよりやや攻撃的で、サハラ砂漠以南の亜種は他に輪をかけてこの傾向が強い。すべてのミツバチはその針で巣を守ろうとするが、アフリカ産亜種の攻撃は、略奪者に対する防衛システムとして進化してきた集団攻撃だ。その外敵には人間だけでなく、アリ、スズメバチ、ガ、ネズミ、クマ、サル、鳥、ラーテル〔アフリカから西アジアにかけて生息するイタチ科の哺乳類〕などが含まれる。こうしたセイヨウミツバチのアフリカ産の亜種にはいくつかの変種が見られるが、ヨーロッパ産の亜種のそれほど表立ってはいない。これは最後の氷河時代に熱帯を移動したミツバチには、孤立化や分裂が少なかったことが原因だ。

3
養蜂の人類史

ミツバチは驚きに満ちた生き物だ。完全に飼い慣らされてはおらず、さりとて純粋な野生でもなく、その中間でありながら、御しがたく、その行動のほとんどが本能によるものだ。

モーゼズ・ラスデン『*A Further Discovery of Bees*（蜜蜂のさらなる発見）』（一六七九年）[*1]

蜂蜜と、それを原料に作られる蜂蜜酒《ミード》（英：mead）を指す語が、インド・ヨーロッパ語族の言語の多くにとどまらず、他の言語においても同一の起源（*medhu-*）をもつという事実は、蜂蜜が古くから人類の食料としてもっとも重要なものだったことを示している。そして、それらの言語の分布が、セイヨウミツバチとその近縁種が進化・繁殖してきた旧世界の温暖な地域とおおむね一致するのは偶然ではない。「蜂蜜酒《ミード》」は、オランダ語、ウェールズ語、チェコ語、アングロ・サクソン語（古英語）、ロシア語、ドイツ語、スウェーデン語、アイルランド語、ヒンディー語、サンスクリット語、ギリシャ語でそれぞれ*mede*、*medd*、*med*、*medu*、*mjod*、*Met*、*mjöd*、*miodh*、*madh*、*m ádhu*、*methu*と呼ばれる。「蜂蜜」（または花蜜）を指す語となると、さらに幅広い言語において同様の起源をもっている。ヒッタイト語、ハンガリー語、フィンランド

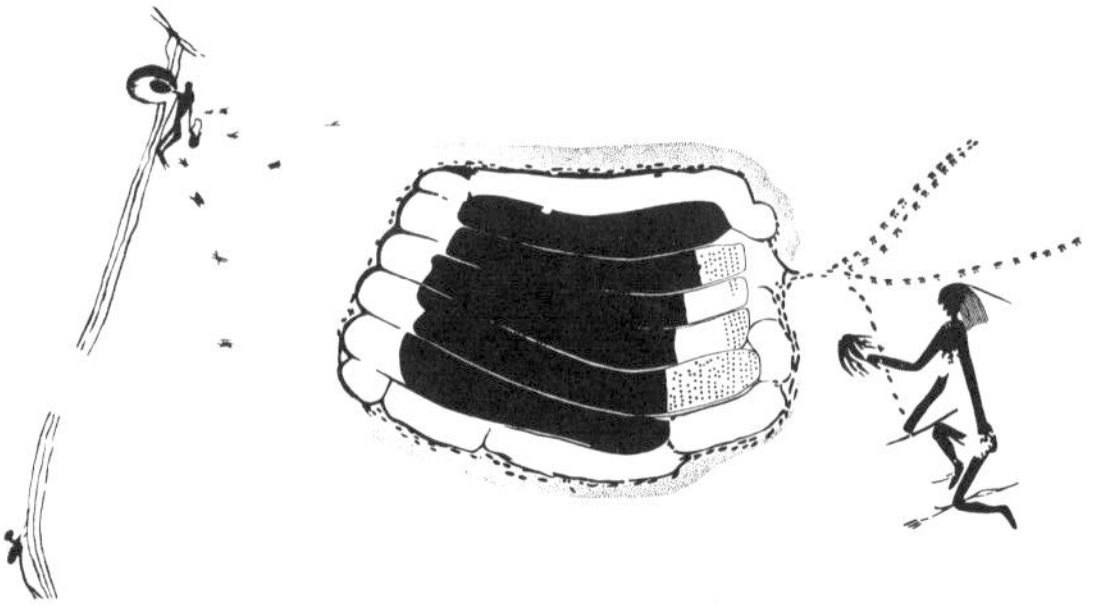

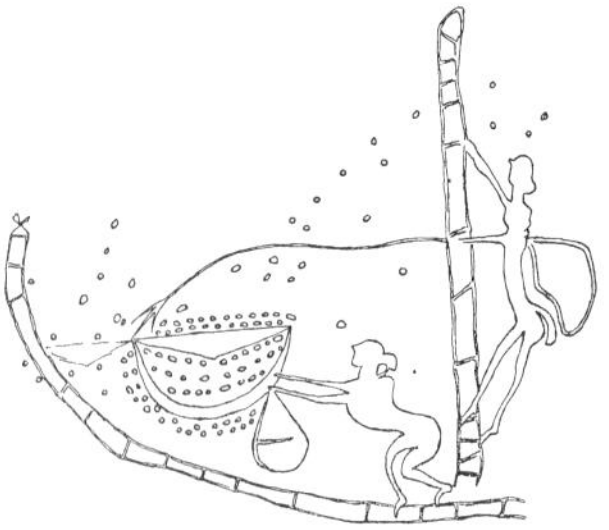

左上から時計回りに：スペイン・ビコルプにある、蜂蜜採りを描いた中石器時代の洞窟壁画。ジンバブエでの一万年前の蜂蜜採り。インド人の蜂蜜採りを描いた、シンガンプールの紀元前五〇〇〇年の洞窟壁画。

語、トカラ語（スキタイ語）、日本語、中国語、朝鮮語、イタリア語、ラテン語で、*milit*、*mez*、*mesi*、*mit*、蜜《みつ》、蜜《ミー》、밀《ミル》、*miele*、*mel*だ。ミツバチを指す語にはややばらつきがあり、アーリア語やゲルマン語派の*bai*や*beo*といった語源はギリシャ語の*api*とのつながりはない。これはおそらく、古代人はミツバチの飼育者ではなく蜂蜜の略奪者であり、その鋭い針は別として、生き物自体のことを蜂蜜ほど気にかけていなかったからだろう。バレンシア付近のビコルプやバランク・フォンドーにある洞窟内の中石器時代の壁画には六〇〇〇年前の蜂蜜採

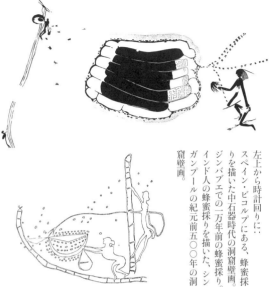

りの様子が描かれており、世界の多くの地域では、比較的最近まで蜂蜜は作るよりも採るほうがおもな入手手段だった。発酵させた蜂蜜から作る蜂蜜酒（メセグリンとも）は知られている限り最古のアルコール飲料で、アルコールと甘味の両方が手に入るならばと、四五〇〇年以上も前に、人々は巣箱を作ってミツバチを飼育し始めたのではないだろうか。

養蜂の始まり

養蜂は地中海沿岸の近東で発祥した。セイヨウミツバチの北アフリカ産の亜種である*Apis mellifera lamarckii*を飼育していたエジプト人は、紀元前二五〇〇年には高度な養蜂を実践しており、その技術を絵に描き残している。それによれば、紀元前三世紀には年間の洪水の周期に合わせて、授粉のために巣箱を他の地域に移動させていたという。ファラオのラムセス三世（紀元前一一九八〜一一六七年）は莫大な量の蜂蜜をナイルの神に捧げており、ミツバチを表すヒエログリフは大地と下エジプトの統治者のシンボルだった。エジプト人は蜂蜜を食料に、薬に、死体の防腐剤に、そして捧げ物に使った。また蜜蝋も、薬や、貯蔵や保存のため、呪術的な儀式にと使われていた。

養蜂の習慣は近東一帯に広まっていった。養蜂に関する最古の文書（紀元前一三〇〇年ごろ）を残したのはヒッタイト人で、蜂蜜泥棒に対する厳しい刑罰が書かれている。[*2] ホメロス時代

下エジプトを表すミツバチのシンボル。カルナック神殿の浮き彫りより。

(紀元前八〇〇年ごろ)のギリシャでは、蜂蜜といえば天然のものだった。しかし紀元前七五〇年ごろにはヘシオドスが著書『神統記』で人工の巣箱についてやや詳しく述べており、別の著書『仕事と日』では雄バチの怠惰な様子について触れている。紀元前七〜六世紀の法律の記録では養蜂家に関する法律が定められており、アリストパネス(紀元前五世紀)の作品には蜂蜜売りが何人か登場している。蜂蜜が天から降ってきたものだと信じていたアリストテレス(紀元前四世紀)はミツバチをくまなく観察し、プリニウス(紀元一世紀)の考察によれば、蜂蜜は星々の唾《つば》、あるいは空気中の液体のたぐいであるという。[*3] ギリシャ人がミツバチは何をする生き物なのか正確には理解していなかったとしても、彼らは東方諸国から伝わった知識を用い、やがては養蜂技術を洗練させていった。テオプラストス(紀元前四世紀)やニカンドロス(紀元前二世紀)らのミツバチや養蜂に関する記録のいくつかは現在では失われているが、のちに詳しく述べるウァロ、ウェルギリウス、コルメッラといったローマの作家たちによってその伝統は続いていった。

古代インド最古の聖典、『リグ・ヴェーダ』（紀元前三〇〇〇～二〇〇〇年ごろの口伝にもとづいた文書）では、ミツバチや蜂蜜、蜂蜜採りについてたびたび触れている。ところが、この時代のインドで発展した養蜂についてはいっさい記録が残っていない。野生のミツバチからの蜂蜜採りはヒンドゥー教の神々ヴィシュヌ、インドラ、クリシュナと関連した宗教儀礼で、これらの神々は花蜜から生まれたとされ、しばしばミツバチによって象徴される。同様に、古代中国の記録の中にも養蜂はほとんど登場しない。九八三年になってようやく、李昉《りぼう》が組織的な蜂蜜採りについて編纂しているが、養蜂には触れていない。[*4] しかしながら、一七世紀の作家サミュエル・パーチャスは、当時の中国人について「養蜂を心から楽しみ、潤沢な蜜蝋は何隻もの船を、それどころか艦隊でさえ満載にできるほどだ」と報告している。[*5] 高度な養蜂技術がローマ帝国の拡大とともにヨーロッパ西部・北部に広まっていったことは疑う余地もないが、蜂蜜採りと養蜂自体ははるか以前に各地で確立されていた。ミツバチへの理解は蜂蜜酒の大規模な醸造につながる。これがローマの伝統に影響を受けるようになり、その複合した考え方が啓蒙時代まで続いていた。

ヒンドゥー教のミツバチのシンボル。蓮華《れんげ》の上のヴィシュヌ神と、シヴァ神。

近年の評論家たちはミツバチを草食動物になぞらえてきた。いわく「ちっぽけな家畜――羽をもち、毛で覆われた草食動物」であると。[*6] ミツバチはウシと同じように草食だ。人間の干渉をある程度は受け入れているものの、依存はしない。冬になるとコロニーの生き残ったミツバチは、巣の中で球状に密集し、熱を発生させる。各個体が順にゆっくりと中心に向かうと、今度は周辺部に戻っていく。ちょうど吹雪に見舞われた動物の群れのようにだ。しかしミツバチが群れとしての本能をいくらか持っていたとしても、はっきりと家畜であるとはいえない。幸い、ミツバチは彼らのために考えられた人工の巣箱にすむことに同意してくれたが、ミツバチと人間の関係は、お互いが相手の行動や能力から利益を得る共生と考えたほうが分かりやすいだろう。養蜂家の仕事は飼育というよりもむしろ放牧に近い。たとえるならニューイングランドでのロブスター漁のように、本来は野生である種にとって好ましい条件を人為的にそろえることで、結果として飼育者に都合よく動くよう仕向けるのだ。養蜂の目的はミツバチが越冬するための蜂蜜を、採取してもコロニーの存続に影響しないほど余分に生産・貯蓄するように促すこと。よって、適切な住処を作ってやり、蜂蜜を作るのによい環境を整え、蜂蜜を適切に収穫することが、すべての養蜂家にとって最重要事項となっている。

巣作りの解明

西洋産のすべてのミツバチは手の込んだ巣を作るという特徴をもち、その中で働きバチを育てたり、冬の期間に備えて蜂蜜を貯蔵したりする。ミツバチのコロニーはできる限りの蜂蜜を作ろうとする。貯蔵室がいっぱいになるか（巣の中に空間がなくなった、もしくは新しく巣房を作るのが間に合わない場合）、巣に対してミツバチの数が増えすぎると、全体のかなりの割合を占めるミツバチが「第一」分封群として巣から飛び出し、女王バチとともに新しいコロニーを形成し、これを繰り返す。巣に残され、かなり縮小した個体群は、新しい女王の羽化や、分封による欠員を補うための蜂児の世話に労力を費やし、花蜜集めや蜂蜜作りは後回しになる。ミツバチが再び余分な蜂蜜を作るようになるのは、個体群が勢力を取り戻してからだ。そのため、分封は養蜂家にとって利益にならないし、巣を離れた分封群を捕まえて別の巣箱に住まわせることができなければなおさらだ。加えて野生下では、ミツバチの巣は採蜜する側からしてみれば不都合に、予期せず増えるため、探し当てて相当な困難を乗り越えなければ蜂蜜を採ることができず、せっかくの巣も壊してしまわなければならない。ミツバチ側の利益となるのは、荒っぽくない方法で蜂蜜を採ってもらうこと（この点では、彼らに養蜂家と協力しているという認識はないのだろうが）。養蜂家の狙いは、ミツバチが初めの巣の中かその近くにとどまるように促し、蜂蜜を一カ所に集めておくことだ。そのためには、ミツバチに繁殖と貯蔵のためのより広い空間を与えてやればよい（必要に応じて巣箱の空間を拡張することで実現できる）。そうすれば、晩夏や初秋に余剰な蜂蜜を取り出しつつ、来る冬を彼らが生き抜くのに十分な量を残すことができるのだ。もしコロニーが分封した場合、養蜂家は自分の管理できる新しい巣箱を、飛び回る群れの近くに設置する。女王バチとともに放浪する群れが木の枝にとまれば、熟練の養蜂家であればたいていは捕まえることができ、新しいコロニーが手に入って幸いとばかりに空の巣箱に住まわせてやる。

巣箱の発展

近代まで、中東、北アフリカ、南ヨーロッパの乾燥した地域では、巣箱は焼いた泥、陶器、レンガ、家畜の糞、コルク、丸太、編んだ枝、雲母《うんも》、動物の角などで作られ、多くは水平式で、巣は並んでぶら下がっていた。ヨーロッパ北部の森林地帯では、野生のミツバチは樹洞《じゅどう》にすんでいたため、養蜂は木の中をくり抜いて作られた空洞に始まり、この前近代の垂直の構造が近代のアルプス以北の地域に見られる直立式の巣箱を発展させた。この地域の巣箱には丸太を組んだもののほかに、小枝やその他の素材を編んで作られた「スケップ」として知られているものがあり、酒杯を伏せたような古典的な形をしている。養蜂家はスケップを持ち上げるだけで巣を切って中から取り出すことができる。

水平式の巣箱。『復活の賛歌《エクスルテット》』の中世の絵巻より。

THE
THEATER
OF
INSECTS:
OR,
Lesser living Creatures.
AS,
BEES, FLIES, CATERPILLARS, SPIDRS, WORMS, &c. a most Elaborate Work.

By *THO. MOUFFET*, Doctor in Physick.

LONDON, Printed by *E. C.* 1658.

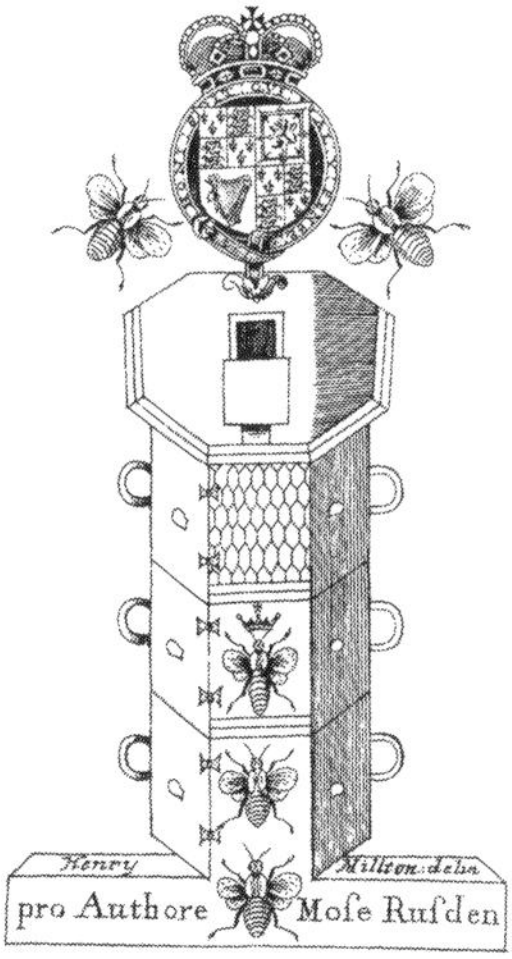

右・枝編みのスケップ。
左・直立式巣箱。モーゼズ・ラスデン『*A Further Discovery of Bees*（蜜蜂のさらなる発見）』（一六七九年）より。

一五〇〇年ごろまでは、養蜂の過程でミツバチを燻《いぶ》して殺さなければならなかった。とはいえ繁栄しているコロニーを滅ぼすよりも残すほうが言うまでもなく経済的であることから、まもなく避難用の出入り口が作られ、技術の向上した巣箱ではミツバチが一時的に退避すればよいだけになった。それでもなお、一般的にはミツバチを殺す習慣は一九世紀に入っても根強く残っていたし、ルネサンス期や以降の養蜂の手引きでは、ミツバチを殺すことの問題について多くのページが割かれている。しかし、ミツバチを殺さないように巣箱を燻す技術があれば、彼らの生まれつきの習性を最大限に生かすことができるのだ。養蜂家は煙でミツバチを眠らせたり追い払ったりすると思われていることが多く、一九世紀のある作家も、実際にミツバチを傷つけることなく気絶させたとして、ホコリタケというキノコの胞子の粉末を使うことを勧めている。[*7]だが本当のところは、これらはミツバチに巣箱が燃えたときのような反応を起こさせているのだ。急いで蜂蜜（移動中の食料）を腹いっぱいに食べて逃げる準備をするのだが、蜜胃が満タンになると毒針がうまく扱えないため一時的に無害になる。現代の養蜂家たちはこうした機会をうまく利用して、ダニなどの寄生虫に効く薬剤を煙に添加したりもしている。

　ミツバチは高度に系統化された習性と社会組織をもっているため、人間がほんの少し介入や調整をしただけでも絶大な効果を及ぼす。しかし最初期のころから人間はミツバチの働きを促す方法を知っていたため、スケップの構造をはじめとする、蜂蜜の生産と採取に貢献する技術の進歩はわずかで、養蜂の基本的なやり方は何千年もほとんど変わっていないのだ。十七世紀のイギリスで発明された多段式の巣箱（「継箱《つぎばこ》」を追加して巣を作らせることができる）により、採取できる蜂蜜の量は増えた。ギリシャ式の原始的な可動枠巣箱の発明は、さらに重大な革新をもたらした。ミツバチは生来、巣をしっかりとした場所に固定してしまうため、採蜜の際には巣箱の内側の面から巣を切り離さなければならなかった。しかしこれではまだ使え

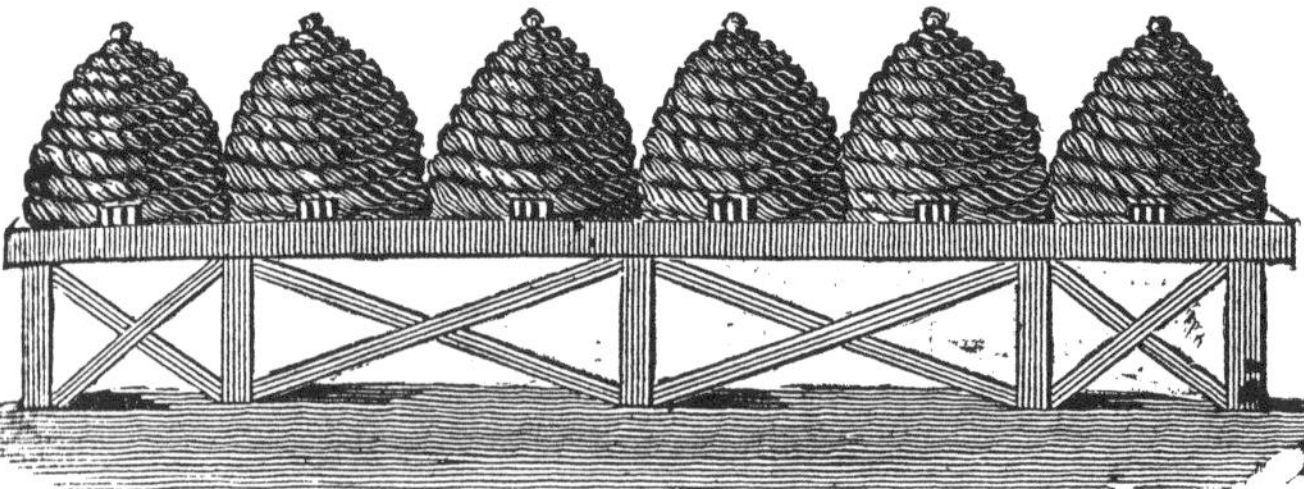

枝編みのスケップ。ウィリアム・コットン『*My Bee Book*（蜜蜂の本）』（一八四二年）より。

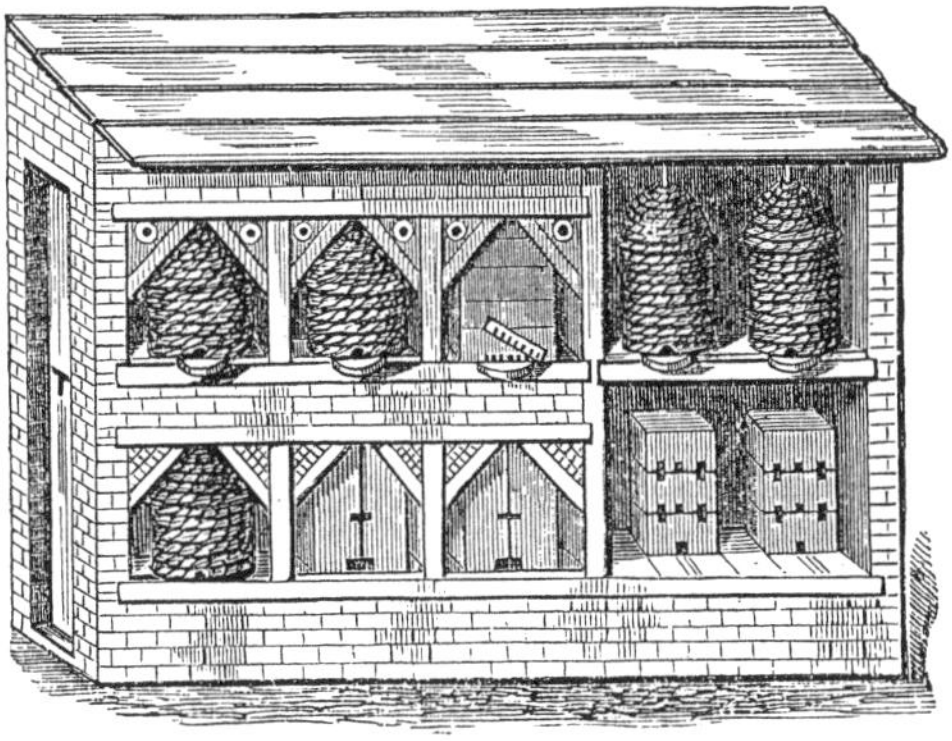

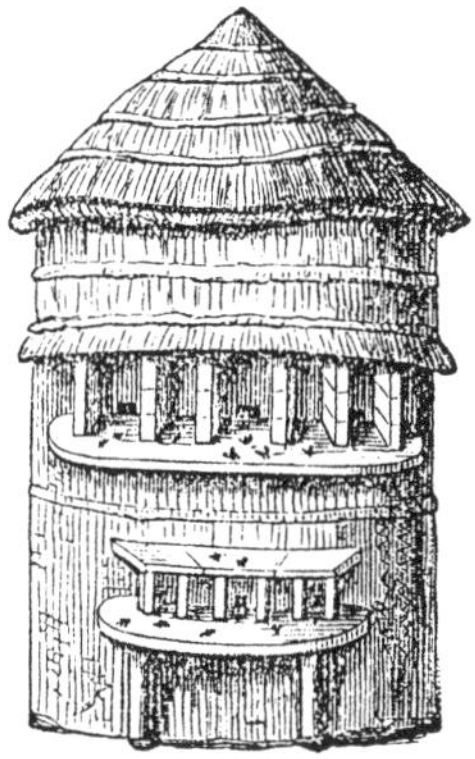

上と右上・ヴィクトリア朝時代の複式巣箱。エドマンド・エヴァンズ『Bee-Keeping（養蜂）』（一八六四年）より。
右・ギリシャのトップバー式巣箱。ジョージ・ウェラー『A Journey into Greece（ギリシャへの旅）』（一六八二年）より。

る巣を壊してしまう。ギリシャ式巣箱に吊り下げられた可動式の巣（水平の棒にくっつけられている）なら切らずに取り出すことができ、一つのスケップの中により多くの巣を作らせることができるようになった。ギリシャ式はヨーロッパ北部の標準的な直立式巣箱を改良するためにイギリスの養蜂家によって取り入れられ、特定のハナバチの種の体の大きさに合わせて巣箱の段のサイズが調整された。それでも、ミツバチは巣と巣箱の壁の隙間を蜜蝋やプロポリス（ミツバチが集めた樹脂で強い粘性をもち、乾くと硬くなる）で埋めてしまう習性があり、たとえギリシャ式巣箱を使っても、養蜂家はできるだけ巣を傷つけずに巣箱の壁から引き剥がすことの難しさと長年にわたって格闘してきた。

一八五一年は養蜂にとって奇跡の年となった。この年、フィラデルフィアの牧師ロレンゾ・L・ラングストロスは、まさに天才といえる単純なアイデアで、壁と巣枠の縁のあいだに「ビー・スペース」（約三五ミリメートル）と呼ばれる間隔を空けた新しい巣箱を考案した。この間隔は、彼が数年にわたる観察により決めたもので、ミツバチが空間として重視し、蜜蝋やプロポリスでつなごうとしなかった間隔だ。こうして、蜂蜜を蓄えた吊り下げ式の巣枠が溝に収められた現代の巣箱が誕生した。蜂蜜が完成すると、巣枠はまるでファイル棚の引き出しに並ぶ吊り下げ式ファイルのようにすぐに取り出され、空にしてまた元の場所に戻されるのだ。巣枠にできる両側が開いた巣は、一度作られれば多少なりとも長持ちする。現代のあらゆる巣箱は、いわばラングストロスの発明の子孫だ。少しあとの工夫——六角形の型を押した蝋の「巣礎《すそ》」の上にミツバチが両側が開いた巣房の構造をくっつけることで、労力を節約することができるようになった。現代の養蜂家は、とくに蜜蝋製品が目的でなければ、蓋がされた巣房を（丁寧に上面を削り取って）開封し、巣を完全に壊したり、巣枠から切り

ラングストロス式巣箱。

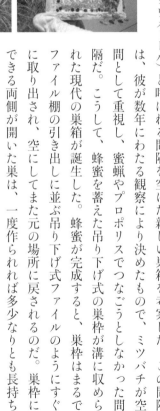

離したりすることはない。巣を遠心分離機にかけて蜂蜜を搾り取ったあと、無傷で空になった巣は屋外に置かれ、ミツバチがそれを見つけると少しでも残った蜂蜜を回収して隅々まできれ

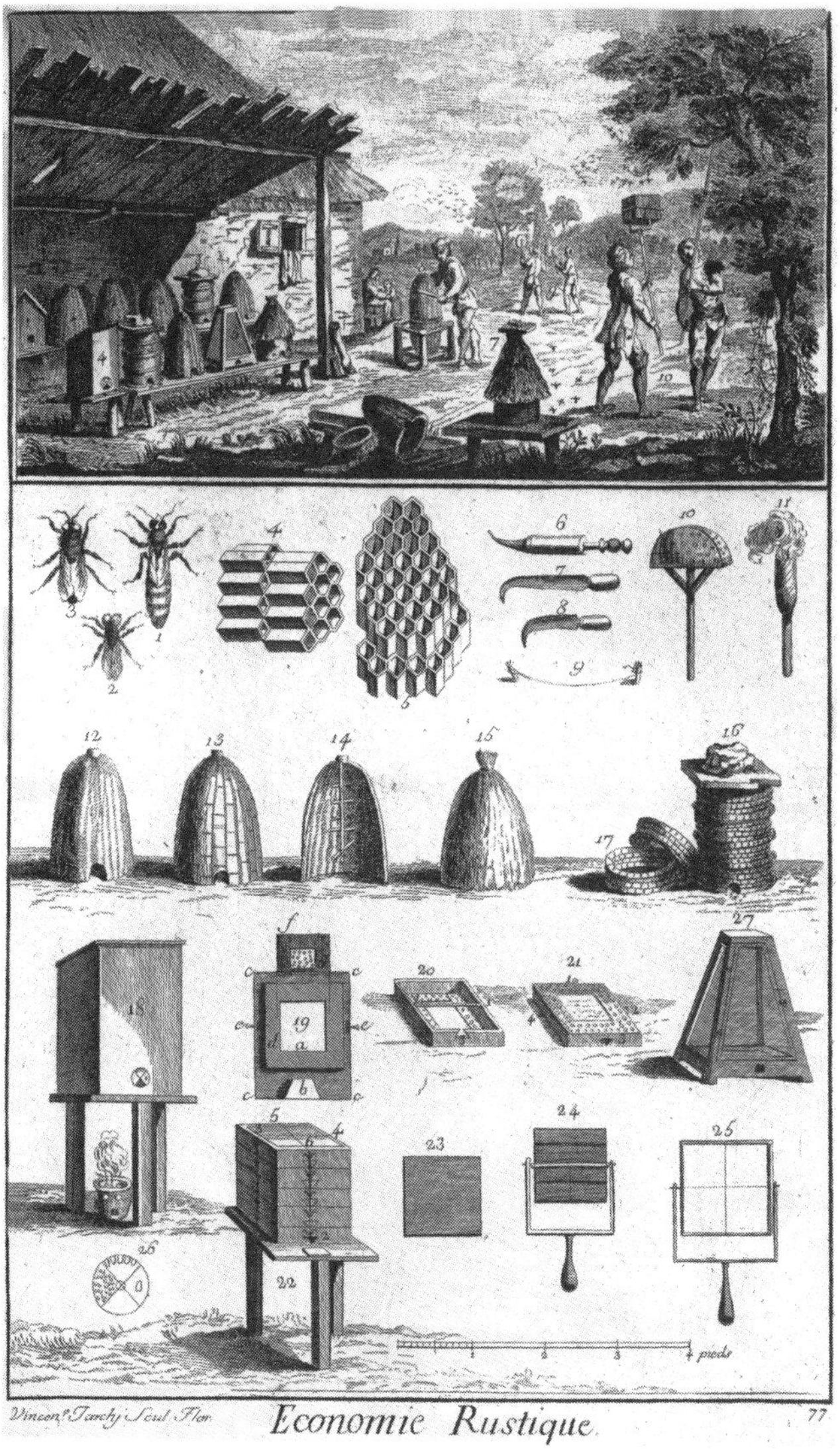

蜜蜂と養蜂に関する技術と知識。ドゥニ・ディドロとジャン・ダランベール共著『百科全書』（一七五一〜七二年）の「農村の経済」より。式巣箱。

下・「教育的労働」。バーモント州の養蜂家ジョン・スパーゴと、一二歳の息子を写したもの。一九一四年撮影、アメリカ合衆国児童労働委員会所蔵。左・リーフ・ハイブ（本型巣箱）。フランソワ・ユベール『*Nouvelles observations sur les abeilles*（蜜蜂の新たな観察）』（一七九二年）より。

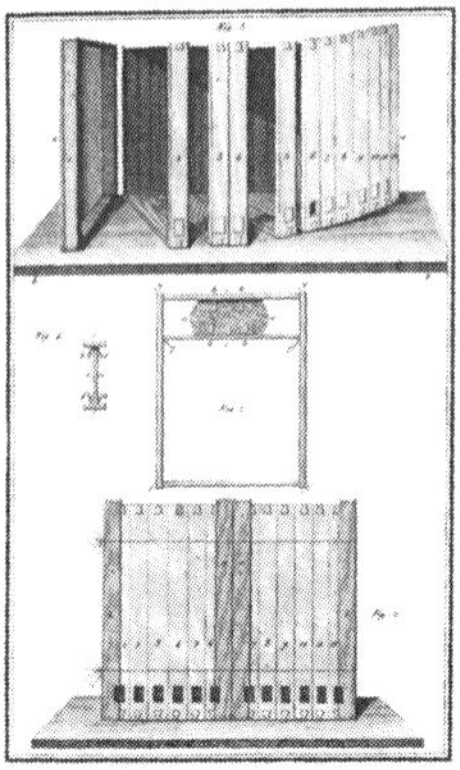

いにする。巣が巣箱に戻されると、ミツバチは巣を一から作るのではなく補修さえすればよい。このおかげでミツバチはより多くの時間を蜂蜜や新しい巣を作るのに割くことができ、養蜂家にとってもミツバチにとっても一滴の蜂蜜も無駄にならないのだ。これらや後に起こった養蜂の進歩でミツバチの個体群は活力を増し（今日の彼らの最大の敵はミツバチヘギイタダニとアカリンダニである）、蜜蝋の巣から蜂蜜を抽出する方法の改善によって、養蜂家は効率が良く生産力の高いコロニーを繁栄・拡大させる能力に磨きをかけてきた。

ミツバチの生体研究

イタリアの貴族フェデリコ・チェージと、同じくローマのアカデミア・デイ・リンチェイの会員であるフランチェスコ・ステルッティは、一六二五年に世界で初めてミツバチを顕微鏡で観察・描写し、そのとき見たものに仰天した。一六世紀後期に作られた高倍率の拡大レンズによって、人類ははるか昔から慣れ親しんだと思っていた生物の構造を初めて目の当たりにした。トーマス・ブラウンは一六五〇年代にこう書いている。「ミツバチの顎を見る者は、自然が作り出したもっとも希有なものの一つを見ることになるだろう」[*8]。マルチェロ・マルピーギ、チエージ、ステルッティ、ロバート・フック、ヤン・スワンメルダム、アントーニ・ファン・レーウェンフックらの医師・学者たちの発見により、二〇〇〇年来の誤解を覆し、女王バチがメスですべての卵を産むこと、働きバチはメスであること、雄バチがオスであること、働きバチが蜜蝋を作ることがついに立証された。それでもなお一七世紀の実践第一の養蜂家たちは、雄バチがオスではなく受精にも関わっておらず、頂点となるハチもメスではなく、ミツバチは交尾なしで繁殖し、アリストテレスが信じていたように、集めた「命を吹き込まれる物質」（花粉）と「王バチ」の精子をさまざまなやり方で混ぜ合わせることで、異なるカーストのミ

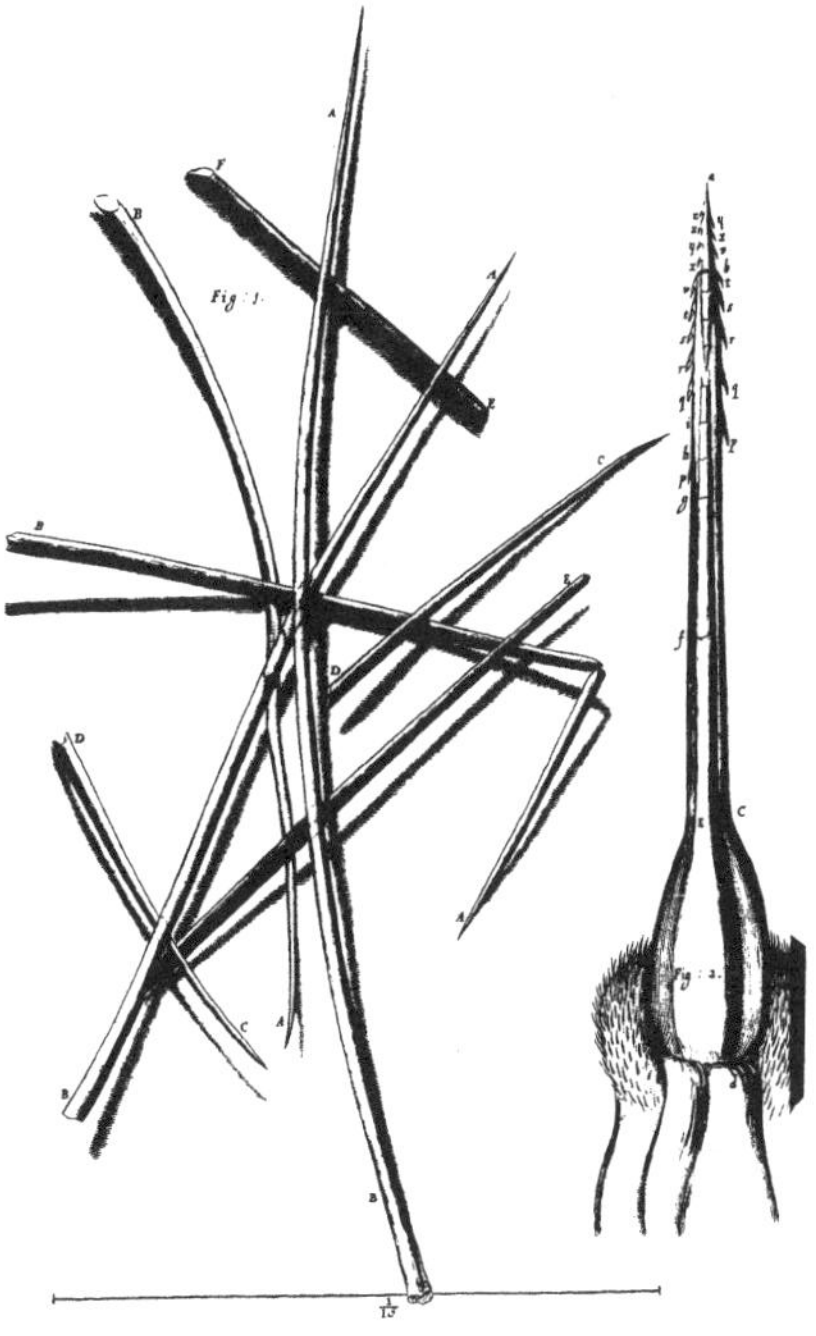

ミツバチの針の拡大図。ロバート・フック『ミクログラフィア』（一六七五年）より。

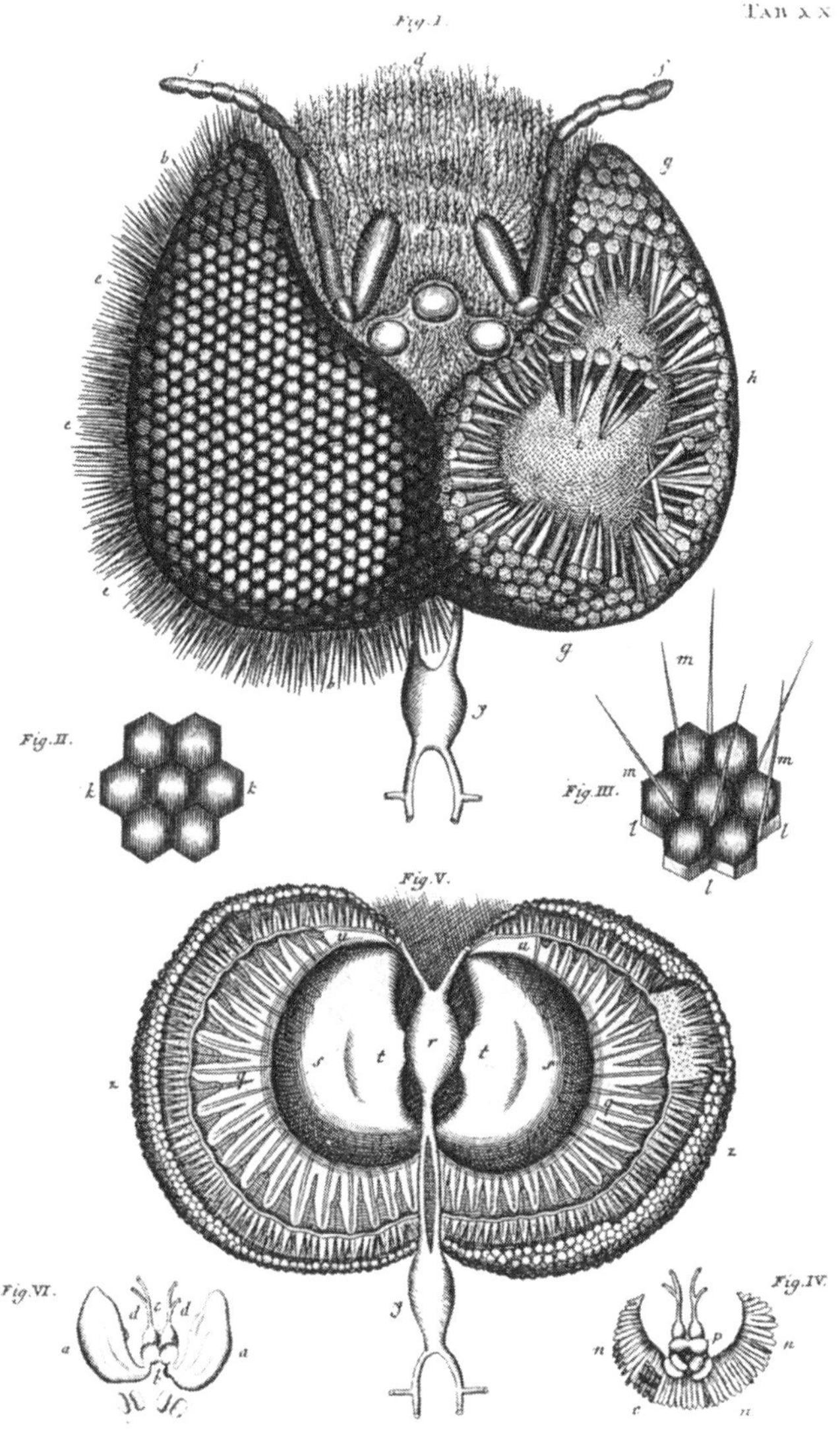

ミツバチの複眼の拡大図。ヤン・スワンメルダム『自然の聖書』（一七三七〜三八年）より。

ツバチが生まれると主張する内容の権威ある本を出版していた。[*9] さらに一八〇〇年ごろまで、蜂児、蜜蝋、花蜜、甘露（アブラムシや植物食のカイガラムシが出す花蜜状の分泌物で、古代イスラエルの民がマナとよんだ食物の由来である）、花粉、プロポリスといった蜂蜜作りに関連するあらゆるものの正確な素性は完全には理解されていなかった。ミツバチは露を食べる、植物から蜂蜜を集める、甘露を作る、蜂蜜から発生するといった迷信から、多くの民間伝承や薬が生まれた。一八世紀の研究者たちがようやく、花蜜やプロポリスはミツバチではなく植物が、甘露はアブラムシが作ることを明らかにした。

化学者としてのミツバチ

「ミツバチは優れた化学者である」とチャールズ二世付きの王室養蜂家は言った。[*10] ミツバチの化学は実に驚くべきものだ。働きバチは花蜜や花粉、プロポリスを求めて花をつける植物を探し回る。花蜜を蜂蜜に変えるには、まずミツバチの蜜胃の中の消化過程で酵素が加えられ、その後、巣の中で蒸発乾燥させることで、吐き出された花蜜が本来もっていた高い水分量が著しく減少し、糖の過飽和溶液となる。ミツバチは羽ばたくことで熱を発生させ、巣内の温度を三五℃まで上げる。これは幼虫が孵化するのにも必要な温度だ。成虫のミツバチは天候状況が変わっても、羽ばたいて温めたり水で冷やしたりすることでこの温度を維持する。そして彼らが蓄えた宝は貴重品だ。一ポンド（四五〇グラム）の蜂蜜を完成させるのにミツバチは約八万八〇〇〇キロメートルの旅をする必要があるが、生産力の高いコロニーでは豊作の年で一日に二ポンド（九〇〇グラム）も作ることがある。それでも一匹あたりのミツバチが一日に一〇〇〇回の訪花で集められる花蜜の量は最大でティースプーン一杯分で、完成した蜂蜜になると生涯の労働で得られるのはティースプーン四分の一にしかならない。

採餌バチの多くは花蜜やその他の甘い液体を集め、花粉は花の中に潜りこんで花蜜を探す際、いやおうなしに体毛にくっついてくるものだが、その花粉を集めることに特化したミツバチもいる。彼らはブラシ状になった後脚の節を使って、飛翔中に体毛から花粉をかき集め、少量の花蜜を使って小さな団子状にまとめると、後脚にある「花粉かご」と呼ばれる窪みに保持して巣へと持ち帰る。花粉を最大限まで抱えたミツバチの姿は、まるで黄色やオレンジの大きな半ズボンか自転車のサドルバッグを身につけているようで、巣の入り口から容易に見つけることができる。採餌バチの集めた花蜜と花粉は内勤バチに渡され、コロニーで働く成虫、そして幼虫や孵化したばかりのミツバチの餌として貯蔵されるのだ。ミツバチは甘露も重用し、集めて蜂蜜にするが、機会さえあればほとんどすべての甘い液体を集めるといってもいいだろう。だからミツバチは、スズメバチもそうだが、アイスキャンデーや甘い飲み物、果物の近くをいつでも飛び回り、目当てのものさえあれば呼ばれてもいないガーデンパーティーや公園に足しげく通うのだ。これらの集めた物質に加え、若いミツバチは腹部にある腺から蜜蝋を排出して巣の建築に使う。女王バチが産む蜂児（幼虫）は、巣を漁る捕食者の動物にとって優秀なタンパク源となるだけでなく、アジアの食文化の多くで珍味とされている。ミツバチが扱う物質としてはほかにプロポリスがある。これは植物から集めた樹脂で、巣の補修時に接着剤として使われる。

ミツバチの科学的な研究は、一九世紀半ばまでは養蜂の実践にさほど影響を与えてこなかったが、時として損得を抜きにした研究と実利的な研究が交わることもあった。たとえば一七世紀の半ば、オックスフォード大学ワダム・カレッジの庭園に置かれたウィルキンス博士のガラス製巣箱がそうだ。しかし生産性の向上と改善という経済的な誘因にもかかわらず、養蜂の慣習はおおよそ変化することがなかった。ウィルキンスのガラス製「観察」巣箱は、まぎれもなくたいへんな驚異で、国王でさえ見に訪れたほどだった。日記作家で実利主義の革新家でもあったジョン・イーヴリンは一六五四年にこの巣箱を目にしたが、彼はその実用性と同じくらい芸術性をも楽しんでいる。「(ウィルキンスは)私に透明な巣箱を見せた。彼の作ったそれは城か宮殿かといった趣で、順番に積み重ねて、ミツバチを殺すことなく蜂蜜が採れるようになっていた」[*11]。巣箱には日時計と風向計が取りつけられ、装飾的な像が庭園の手の込んだ置物のごとく(実際にそうであった)立っていた。イーヴリンはウィルキンスから空の巣箱を一つもらうと、ロンドンの東端、デトフォードにある自分の邸宅セイズ・コートの庭に持ち帰った。イギリスの官僚だったサミュエル・ピープスはイーヴリンのもとを訪れ、そのとっておきの品を関心と称賛の目で見ている。「蜜蜂が蜜や巣を作るさまが、たいへん楽しく見てとれるのだ」[*12](『サミュエル・ピープスの日記　第六巻』サミュエル・ピープス著、臼田昭訳、国文社、一九九〇年)。働くミツバチたちを見られたことが、イーヴリンが著書『*Kalendarium Hortense*(造園師年鑑)』(一六六九年)

に記した養蜂観を形成したのかもしれない。彼はこう助言している。七月には働きバチが雄バチを殺すのを手伝うべし。襲ってくるスズメバチの気を逸らすため、巣の入り口に蜂蜜入りのビールを置くべし。[*13] 木製の多段式巣箱が導入され、それまでの伝統的な枝編みのスケップに取って替わったとき、オックスフォード大学の博物学者、ロバート・プロットはこうした進歩を調査する中で述べている。「動物に関わる技術の中で、羽をもつ王国のためのものでは、この新種の箱、つまりミツバチのコロニーの巣ほど素晴らしいものに出会ったことがない[*14]」

蜂蜜の消費

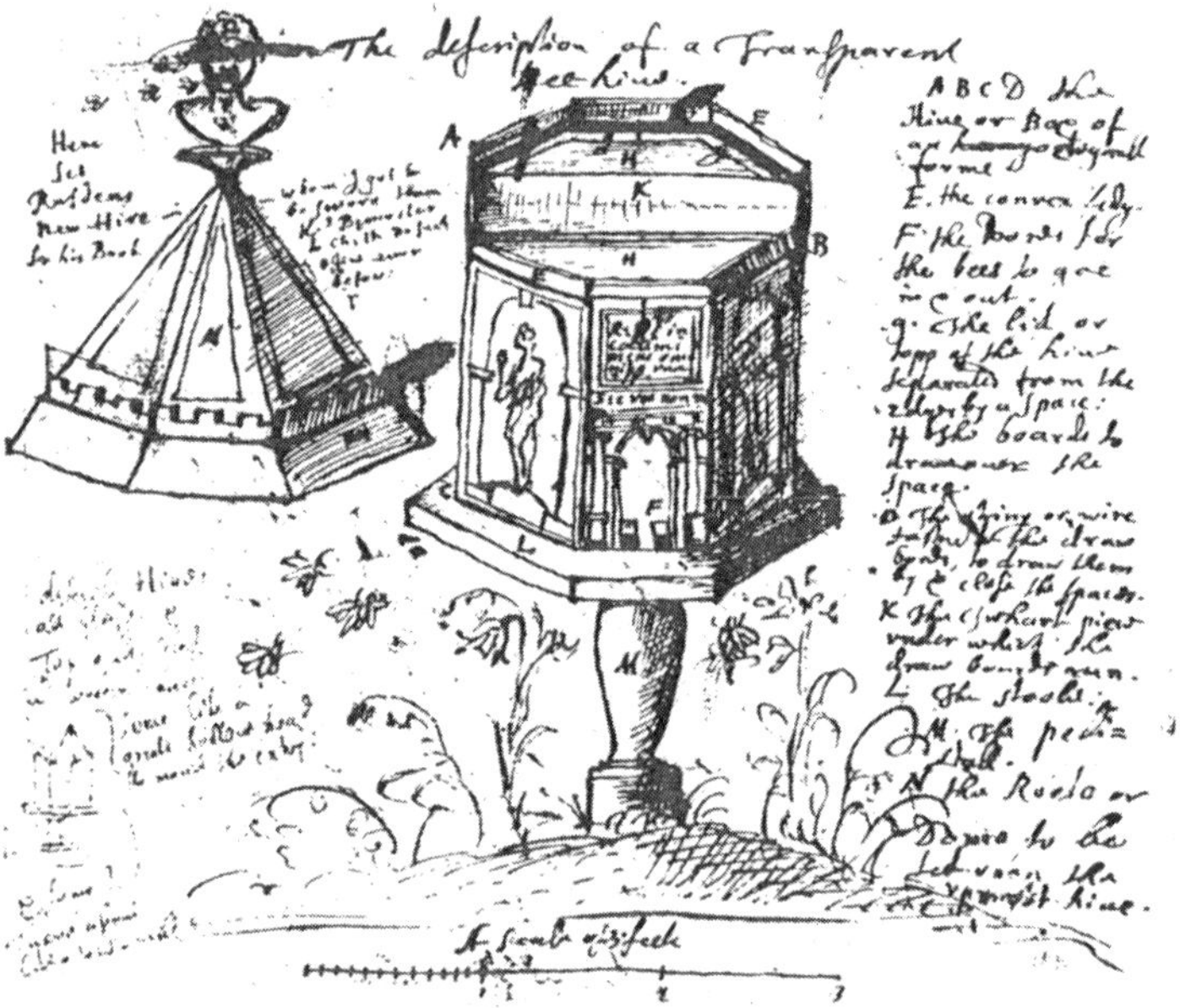

ジョン・イーヴリンによる、台に載った八角形のガラス製巣箱（右）とその蓋（左）のスケッチ。オックスフォード大学ワダム・カレッジより入手。

一六世紀の初期から、ヨーロッパの調理場では砂糖が次第に蜂蜜を追いやるようになっていた。そして甘味料として地元産の安い蜂蜜よりも、金のかかる西インド諸島やブラジル、インド産の砂糖に頼っていたことが、一七世紀の社会理想家たちの関心を引いた。なかでもサミュエル・ハートリブは、北部での効率的な養蜂を発展させて蜂蜜や蜜蝋を作ることを提唱し、ミツバチのためになり、果実や林檎酒《シードル》（国民的飲料とされている）も作れる果樹園の管理を改善させた。ミツバチとシードルは交易、繁栄、健康、国家の道徳を促すことになったのだ。ケネルグ・ディグビー卿やジョン・イーヴリンのようなエリート作家でさえ、国家や個人の自給自足計画の一環として蜂蜜酒や蜂蜜飲料のレシピを残している。

今日では、イギリスでの平均的な蜂蜜消費量は一人あたり三〇〇グラム、アメリカでは五〇〇グラム、ドイツではなんと四・三キログラムにのぼる。[*15] 精糖の摂取量（西洋の先進国では現在のところ一人あたり三〇～四〇キログラム）と比べてみると、安価なサトウキビやテンサイの砂糖がほぼ世界中の需要を満たしている今、養蜂家たちは生活必需品を作っているとはいえないだろう。甘味料として第一線から退いた蜂蜜は、その代わりに西洋で健康によいと定評がある甘味料の選択肢の一つとなり、さまざまな香り、有機食品である保証、その美味しさの魅力をいっそう高める手作りという性質を備えた贅沢な食品となった。蜂蜜の香りはその原料となる植物に由来するため、ワインのように「リージョナル」（地域もの）、「ヴァラエタル」（品種もの）の蜂蜜が、香り、粘性、色、さらにはその成り立ちや生産地を感じさせる、独占性、自然の健全さ、生産者の技術などの説明を付けて売られている。そのためにプフント・スケール（本来

観察用巣箱。アントワーヌ・レオミュール『昆虫の生活に関する考察：蜜蜂』（一七四〇年）より。

はガラス工業の分野で考案された色測定システム）にもとづいた、ほとんど蜂蜜専用の公式の色見本が使われており、「ウォーター・ホワイト（無色透明）」から「エクストラ・ライト・ホワイト（きわめて白い）」、「ホワイト（白）」、「エクストラ・ライト・アンバー（きわめて淡い琥珀《こはく》色）」、「ライト・アンバー（淡い琥珀色）」、「アンバー（琥珀色）」、そして「ダーク・アンバー（暗い琥珀色）」までの分類がある。アメリカの市販のヴァラエタル蜂蜜は合衆国農務省の農業統計局により等級がつけられ、蜂蜜の年次報告には次のような色名が使われている。

ボリジ（暗い蜂蜜色）
チューリップ・ポプラ（暗く赤みがかった琥珀色、特徴的だがまろやか）
アルファルファ（白、または非常に淡い琥珀色）
バックウィート（暗色で刺激があり、糖蜜と麦芽の味）
ピーマ・コットン（非常に淡い）
ファイアウィード（透明で紅茶のような繊細な香り）
マンザニータ、またはベアベリー（白から淡い琥珀色、

強い風味とベリーの香りがあり、料理人に人気）
ストロベリー（水のように透明、または白。ゆっくりと結晶化するため長期保存できる）
パンプキン（強い香り、琥珀色）
セージ（鮮やかな淡色、クローバーと花の香り）
テューペロ（複雑な花と草の香り）

こうした品種は「高級」や「超高級」蜂蜜といった利益の高い需要を生み出した。自信たっぷりに美しい言葉を並べてこれらの蜂蜜を宣伝する行為は、「手作り」や「自然派」といった希少な品に熱を上げさせるためにミツバチとその生産品を利用するのがよいことのような印象を与えている。

「わが『グルメ』誌は、北イタリア・ムジェッロ周辺の牧歌的な風景の中でミツバチが花粉を集める、イル・フォルテート社の超高級蜂蜜を独占的にご提供できることを誇りに思います。豊かな伝統をもつこの地域は、つねにイタリア田園地方第一の禁漁区であり続けてきました」

「アカシア蜂蜜……ひとかけらのペコリーノやゴルゴンゾーラにほんの少し垂らせば素晴らしく……」

「ローズマリーを主とする植物から作られた純粋な蜂蜜は、ポルトガルのアレンテージョ地方に起源をもっています。のどかで人口もまばらなこの地域では、生態系が保護された環境の中、自然と人と文化が共に生きているのです」

しかし「蜜の系統など蜜蜂には関心の無いこと」とエミリー・ディキンソンはそっけなく言う（『愛と孤独と　エミリ・ディキンソン詩集Ⅰ』谷岡清男訳、株式会社ニューカレントインターナショナル、一九八七年）。[16]多くの宣伝と同じように、「ブランドもの」蜂蜜の宣伝には、ミツバチが蜂蜜を作るときに実際に関わってくるあらゆるものが欠けている。ミツバチはムジェッロ（や他のどこでも）で集めた「花粉」で蜂蜜を作ることはないし、その地域の「豊かな伝統」や「牧歌」や人口密度に心動かされることもない。ミツバチは大都市や建設現場でも嬉々として働く。にもかかわらず、文化と自然の共生や「生態系保護」に対する曖昧な認識に訴える上流気取りの無意味なアピールが、蜂蜜のブランド化の基本的な要素となっている。職人技との「お墨付き」、魅力的な外国の風景、「ひとかけら」のゴルゴンゾーラがさも当然のように鎮座する垢ぬけた食料庫。こうした人を引きつけるイメージを呼び起こすことで、高級志向にデザインされているのだ。「グルメ向け」の蜂蜜は、ミツバチと関係のない添加物を加えて売られることもある。白トリュフ、ヘーゼルナッツ、その他の高価な品々だ。アメリカ産の蜂蜜は独占性も売りにして利益を得ている。きわめて多量の果糖を含むテューペロ蜂蜜は、テューペロ（ヌマミズキ属の木）の花から作られ、世界最高の蜂蜜の一つとして広く評価されている。上等のワインのように独自の際立ったテロワール〔生産環境に由来する特徴的な味や香り〕をもち、ジョージア州・サバンナ付近を流れるオクロッコニー川岸でのみ商業生産されている。

花粉媒介者として

アメリカでは農耕地が広大で切れ間がなく、単一栽培〔広大な土地での単一作物の栽培〕をするのがふつうで、大規模な商業養蜂は、蜂蜜よりもミツバチそのものを使った授粉サービスによる収入を主として成り立っている。作物に合わせてミツバチや他の種の強力なコロニーを、たいていは専用の積み重ねられる荷台に載せ、トラックや列車に積んで、大規模で効率的な授粉が必要な地域へと運ぶ。カリフォルニア州のアーモンド栽培者にとっては、こうして運ばれてきたミツバチによる季節ごとのサービスが不可欠で、メイン州のブルーベリー農家にとっても同じだ。ある種のハナバチが、ある特定の種類の花にとって最高の授粉者となるように自然に適応しているのだ。いっぽうヨーロッパでは、農耕地はより小さく、点在しており、大規模な授粉事業はさほど一般的ではない。ヨーロッパのミツバチは温室やビニールハウス〔イチゴなど〕の中で働き、プロヴァンス地方などでは開けた土地でアンズなどの果樹に授粉することが多い。ミツバチを専用の「花粉付着器」で補助することもある。これは巣の入り口に置くことで出てきたミツバチに花粉を振りかけ、農地に運ばせるというものだ。ヨーロッパの農家はハナバチを種類によって特定の作物に専門化することに力を注いできた。たとえばマルハナバチはトマト、ナス、ジャガイモ、トウガラシ類、ブルーベリー、スイカ、そしてクランベリーにとって非常に効率のよい振動授粉者となり、温室やビニールハウスではミツバチよりもよく働く。これはマルハナバチがミツバチのように方角が分からなくなったり、巣までの帰り道に迷ったりしないからだ（多くのマルハナバチの仲間が地中性であることが、屋内で能力を発揮する理由と考えられる）。しかしマルハナバチのコロニーはミツバチのコロニーよりもはるかに個体数が少ないうえ、授粉シーズンの最中に急激に数を減らしていくことが、授粉者として使うことをより難しくしている。

協同組合の建物に掲げられた、ミツバチの巣のエンブレム。

ミツバチは非常に多くの種類の農作物に授粉するが（アメリカでおよそ九五種類）、他のハナバチも同じく貴重な農業労働者だ。ハキリバチはアルファルファに授粉し、マルハナバチはキュウリやトマトを育てる商業温室で、オーチャード・メーソン・ビーは果樹園で働く。にもかかわらず、蜂蜜が醸し出し、有機農家も「一〇〇％天然」の流行を追う人も引きつける手作り感は、授粉事業者によって巧妙に後付けされたものだ。メイン州に拠点を置く成功を収めた企業、「ビー・ヒア・ナウ（Bee Here Now）」は、その名前がもつ今風のカウンターカルチャー的な魅力〔カウンターカルチャーの中心人物であったアメリカの思想家、ラム・ダスの著書『ビー・ヒア・ナウ』（一九七二）から〕と、南はジョージア州にまで及ぶ人気の商業授粉サービスを結びつけた。アメリカ合衆国内のミツバチの人工のコロニーは二五九万、一つのコロニーがもたらす農作物の平均収穫量は三一・七キログラムと見積もられており、その多くが商業用だ。それでも養蜂は趣味として、あるいは一〇未満のコロニーしかもたない養蜂家による小規模生産として力強く生き抜いてきた。

初期の社会が頼っていた蜂蜜や蜜蝋の利益は、もはや私たちには必須ではない。植物の繁殖や授粉、異種間共生の秘密が解き明かされる前の時代のように、効率や道理といった概念をミツバチが与えてくれることもない。しかし、こうしたかつての考え方は、ミツバチに対する現代の感覚にも内在しており、商用か私用かにかかわらず、その巣箱の揺るぎない秩序を日ごろ目にしている現在の養蜂家たちにとっては、ミツバチがもっていた古代の政治的な意味は今も失われていないのだ。

4

政治的イメージの源

天の下のどこに
政治でミツバチにまさる国があるだろうか?
ギョーム・ド・サリュスト・デュ・バルタス『聖週間、あるいは天地創造』(一五七八年[*1])

ミツバチが古代からもつ力強い政治と道徳の象徴性は、ミツバチのさまざまな役割ごとの性別やその社会組織についての推測を生み、そのいくつかはいまだに息づいている。ルネサンス期のよく知られたエンブレム(とくにフィリップ・シドニー卿が個人的に用いたもの)には、ミツバチの巣箱とともに*Non nobis*(「われらのためにあらず」。*sic vos non vobis mellificatis apes*(おまえたちミツバチはそうやって蜜を作るが、おまえたちのためではない)を改変したもの)の標語が記されている。ミツバチの利他主義を表す「われらのためにあらず」という言葉が暗に意味しているのは、「他者のためである」ということだ。ミツバチの国家は仲間同士の集団、あるいは個人がコロニーの集団的事業や福利に組み込まれた共産主義社会として協力し、おのおののミツバチは他のすべてのミツバチ全体の利益のために動くものだと考えられていた。ミツバチの国家では、

だれも蓄えた富で
つつましい市民からのし上がろうとはしない。
卑しい強欲が寛大な心を汚すことなく、
共通の財産はみなに委ねられる。
彼らが市民協定のもとに団結すれば、
これほど正義を尊ぶ国はない。[*2]

美徳の大国

ミツバチの国家の美徳には倹約、清潔、揺るぎない分別、素直、従順、高潔、寛大、謙遜、勤勉、勇気などがあるとされており、[*3] 彼らは感情を一つにすることを称えられた（「ある者が病めば、すべての者が悲しむ」）。[*4] ミツバチの性質と政治に対する魅力的な見方は、ギリシャの詩人ヘシオドスが発端だ。彼はミツバチを勤勉な農業活動の例に持ち出し、女性と怠け者を雄バチ

との共通点を挙げて非難している。[5] ウァロはミツバチが「怠け者を嫌う」と言い、だから毎年、働きもせず貴重な蜂蜜の蓄えを食い潰すだけの雄バチを殺すのだ、と述べている。[6]「わが国が守るのは勤勉だ」。イギリスの詩人ジョン・ゲイの『*Fables*（寓話集）』で、腹を立てた道徳的なミツバチが贅沢三昧の堕落したミツバチに言う。[7]「彼らは怠惰をひどく憎む」とされ、年をとって働けなくなったミツバチは食事を拒んだと言われている。[8] 自殺について論ずるとき、ミツバチは「法のもとに自分を捨てる」例として引き合いに出された。「自然の法によって、生物は他者のために自らの身も厭わないことがある。むしろ、そうでなければならない。その例がペリカンだ。もう一つの例がミツバチ……」[9]。ヒスパニア（現在のスペイン）生まれの古代ローマの農業作家コルメッラは、著書『農業論』（農夫へ向けた手引き書）の多くの章をミツバチの世話に割いており、道徳的なミツバチでいっぱいの整然とした巣箱は、つましく思いやりのある農夫であることの確かな表れだという明らかな含みをもたせている。コルメッラは「完璧な誠実さ」が養蜂には必要と考え、その理由としてミツバチが「不正な扱いに背く」ことを挙げている。秩序ある栄えた巣箱は飼育者の美徳を反映し、実直な者だけがミツバチを飼うことができるという考えは近代までも続いている。

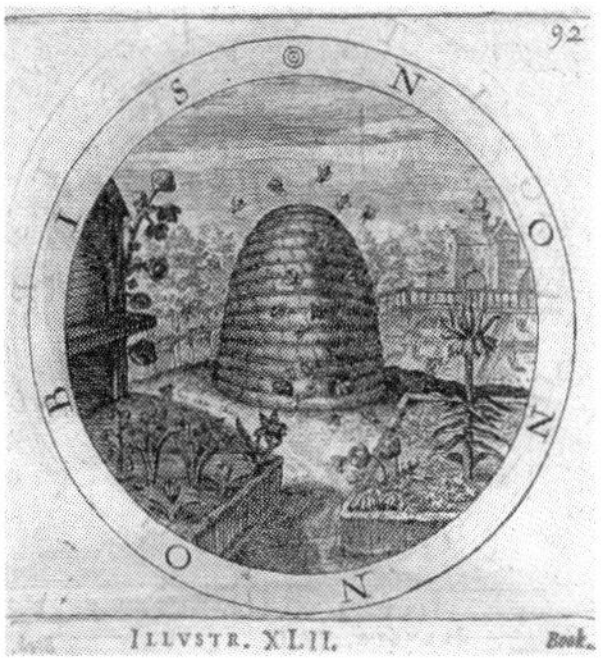

Non nobis。ジョージ・ウィザー『*A Collection of Emblemes*（エンブレム集）』（一六三四〜三五年）に収録されたエンブレム。

隠喩の古典、『農耕詩』

道徳的なミツバチを表す際によく引用される句やnon nobisの出典は、帝政ローマ時代の農業とその習慣を描いたウェルギリウスの詩集『農耕詩』だ。その第四巻では、実用的なさまざまな養蜂の知恵（小川にヤナギの小さな橋を架ければミツバチが水を飲みやすくなる）を楽しげに描くとともに、ミツバチの社会的・政治的な暮らしを紹介している。ウェルギリウスのミツバチは驚くほど民主的で、公平無私な政治体制と、民衆に食料を供給し、特定個人の利益を向上させるよりも国家の未来を保障するための法典を発展させていた。「みなは国家のもの、国家はみなに与える」とウェルギリウスは言う。[*10] 彼のミツバチには（オスの）指導者がいたが、投票で選ばれたもので、力不足と分かれば解任されることもあった。ウェルギリウスのミツバチは高度に発展した社会をもち、若く活発なオスが兵士や労働者であり、メスが蜂児を育て、巣を掃除し、最年長のミツバチは家で若者の教育にあたる。彼の発想でもっとも興味深いのはミツバチを商売する生き物としている点で、巣は「繁盛店」、ミツバチ自身を「商売をする市民」ととらえている。[*11] この商売するミツバチは長く文化に根付き、一八三二年にも小説家のフランセス・トロロープにより引用され、オハイオ州シンシナティを「ヒブラのミツ、つまり俗にいうお金を求めて巣箱のミツバチは一匹残らず活発に」働く町だと紹介している[*12]（『内側から見たアメリカ人の習俗』フランセス・トロロープ著、杉山直人訳、彩流社、二〇一二年）。ソローは、ウェルギリウスの商売するミツバチを、交渉可能な仕事に関心をもつ裕福で勤勉なアメリカ市民と重ねて考えている。

遠くの森や牧草地へ足をのばし、あまり人の訪れないところで植物採集している人は、そのめずらしい野生の花で熱心にブンブン唸っているハチたちが、彼同様に村から、もしかしたら彼自身の中庭から、自分の巣のために蜂蜜を求めてきているとは、ほとんど考えることはないだろう。……私は何か意義深い経験をしたように感じた。小道で出会う昆虫たちでさえのらくら者ではなく、自らの特別な使命をもち、この世界にただ漠然といるのでなく、この時間にそれぞれが仕事に携

ウェルギリウス『農耕詩』より、ミツバチのためのヤナギの橋。ヴェンツェスラウス・ホラーによる挿絵。

わっているのだ。丘の中腹に相変わらずもちこたえている素晴らしい花があるならば、森と村の両方のハチたちはそれを知っている。植物学者は、その花がいつ咲きいつ閉じるのかを知りたいのなら、ハチに関心を抱くべきである。[*13]（『ソロー日記 秋』ヘンリー・ソロー著、H・G・O・ブレーク編、山口晃訳、彩流社、二〇一六年）

「ウェルギリウスの幻」。ヴィルヘルム・ブッシュ『*Buzz a Buzz, or The Bees*（ブン・ブン、または、ミツバチたち）』より。

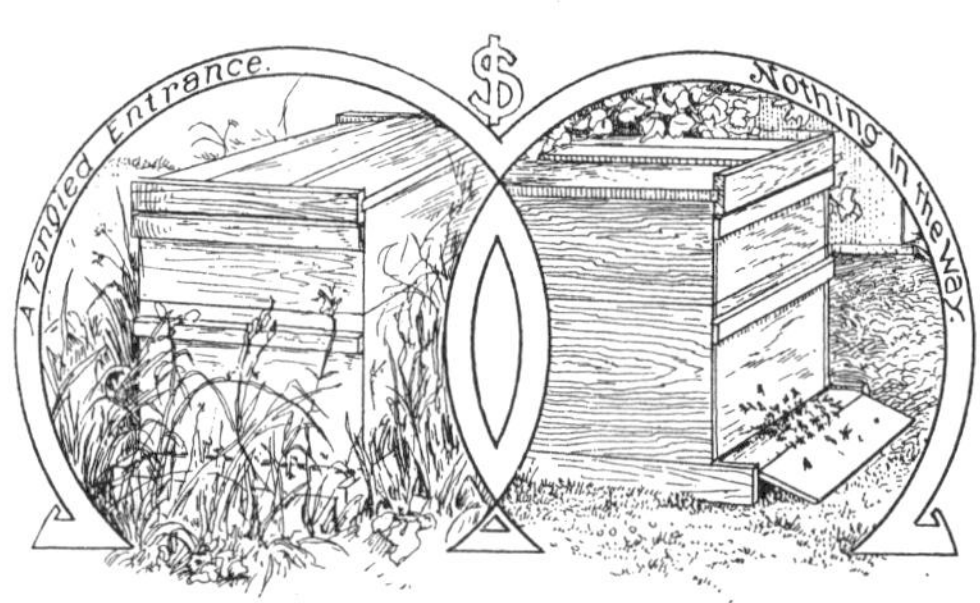

「ミツバチの利益」。A・I・ルート『*The ABC and XYZ of Bee Culture*（養蜂大全）』より。

ビーハイブ（巣箱）・デパート。一九五八年、ニューヨーク州パチョーグ。

ウェルギリウスのミツバチ幻想はその後一五〇〇年にわたってたびたび語り直され、脚色されてきた。プルタルコスは、ローマ皇帝トラヤヌスがウェルギリウスの「人はミツバチから市民生活を取り入れたのかもしれない」という説を学んだことを書いている。[*14] 皇帝ネロの師であったセネカは、ミツバチの政治を（おそらく皮肉に）寛容な君主制になぞらえ、若き弟子ルキリウスにミツバチの行動をまねるように指導した。[*15] 近世の政治や社会の混乱に対する不安から、ミツバチは効率よく慎重な政治の確固たる例とされ、イギリス・ルネサンス期の作家たちは、ミツバチがとりわけ労働を厳格に守り、善政を実践する点を称えた。イギリスの聖職者のゴドフリー・グッドマンは書いている。「法律を施行し、怠け者や放浪者と同じく日雇い労働者のことも気にかける彼らのなんと公正なことか[*16]」。ある有名なルネサンス期のエンブレムには、騎士の兜に巣を作ったミツバチとともに*ex bello pax*（戦争より平和が生ず）の標語が記されている。

イギリスの枢機卿、ウィリアム・アレンは一六世紀後期に書いている。「さまざまな動物が、彼らの集団や国家の中で政治に手を伸ばしている。ちょうどアリやミツバチに見られるように……彼らは自然の本能によって社会的であり、集団で生活し、それゆえにその維持と継続のために必要な国家の秩序と政策をこれほど保っているのだ」[*17]。ウィリアム・シェイクスピアは『ヘンリー五世』の冒頭近くでウェルギリウスの伝統の力を借りている。ミツバチの「秩序と政策」を引き合いに、新王が勇ましくも華々しくフランスに挑むようになっただけでなく、父王の混沌とした治世とはやがてかけ離れていく彼自身の統治の方向性を確立したことを表す場面だ。

　蜜蜂もそうです、
彼らは自然の法則に則って、秩序ある行
為を
人間の王国に教えてくれる。
彼らには王がおり、様々な種類の役人が
いる。
ある者はたとえば行政官のように巣の中
で法を施行し、
ある者は商人のように外に打って出て交

「ミツバチの仕事場の発見」。チャールズ・イェールとシドニー・エリスによる演劇『*The Evil Eye*（邪悪なまなざし）』のポスターより。一八九九年、カナダ、セント・ジョン（ニューブランズウィック州）のオペラハウスにて上演。

易し、
ある者は兵士のように針で武装して
夏のビロードのような蕾《つぼみ》に攻撃をしかけ、
その戦利品を陽気な行進曲を奏でつつ
王の本陣に運んできます、
王は王としての職務にいそしみ、監督し
ているのです、
鼻歌まじりに黄金の屋根を葺《ふ》く石工《いしく》を、
蜂蜜をこねあげる勤勉な市民を、
重荷をしょって狭い城門に群がり
通り抜けてゆく哀れな労働者を、
青ざめた顔の死刑執行人にあくび混じり
の怠け者を
険悪な唸り声をあげて引き渡す
厳《いかめ》しい顔つきの判事を。*18
(『ヘンリー五世』シェイクスピア著、松岡和子訳、ちくま文庫、二〇一九年)

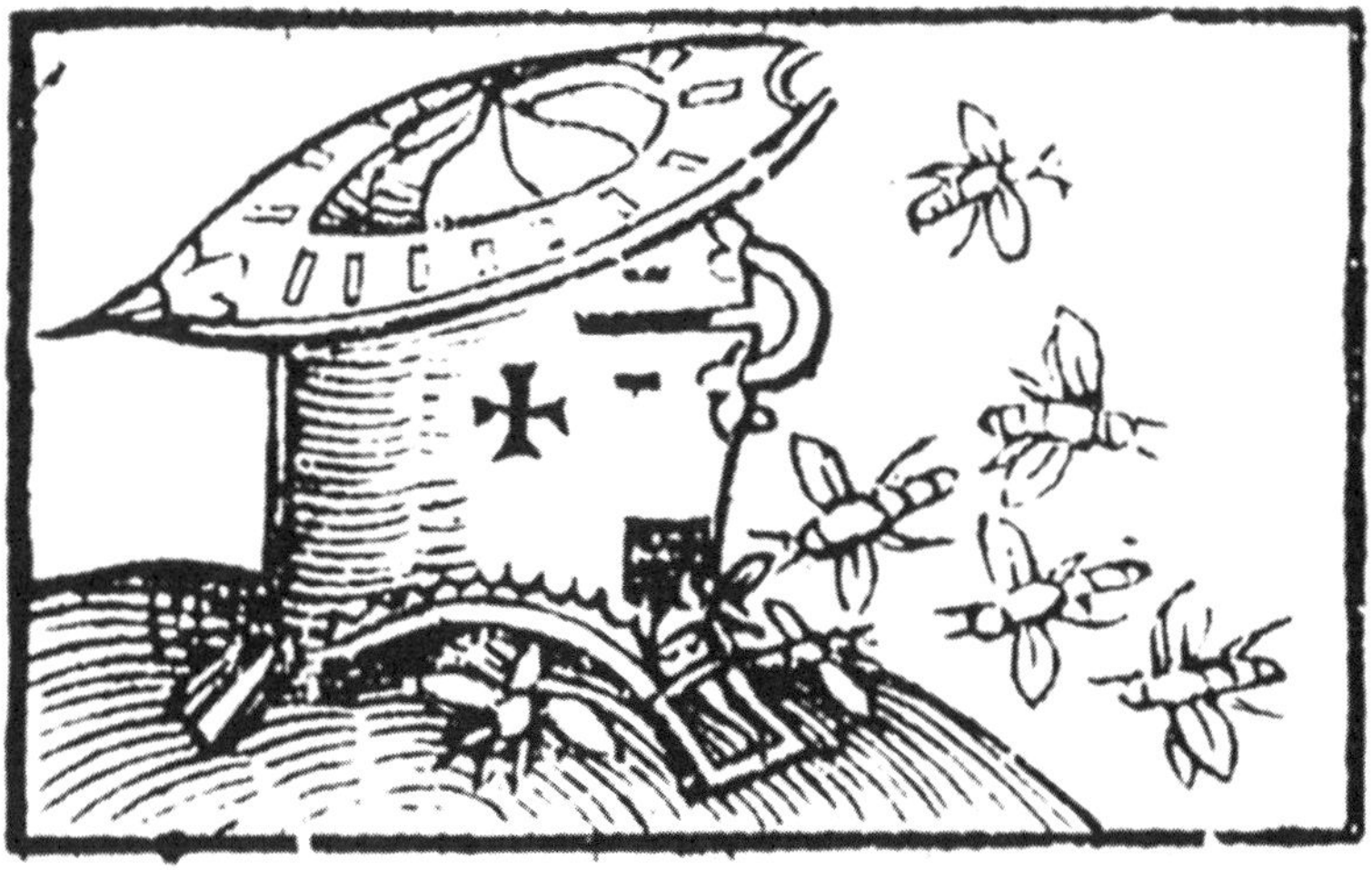

Ex bello pax。アンドレア・アルチャーティ『エンブレム集』(一五三一年)より。

ミツバチは本当に政治的か？

ミツバチは秩序の象徴であり、「自然の法則」の証明であり、平和を促進する従順の組織的構造を表すものだ。しかし、ミツバチのコロニーは君主制や民主制だったのだろうか？　母権性か、それとも父権性だったのか？　その法律は、訴訟は、刑罰はどういったものだったのか？　ミツバチは人間の混乱した政治に解決策を与えてくれるのか？　ミツバチの複雑に進化した社会は、彼らの知性と倫理の能力について突拍子もない人間の認識をいくつか生み出した。一六世紀の偉大な博物学者トーマス・マフェットはウェルギリウスの描いたミツバチの大規模な文明を信じ、その寓話を改良して戦争や評議会の実行、法律の可決、市民の処罰について書いている。マフェットによれば、ミツバチの職務には連隊での護衛任務、医業、葬儀、ラッパ吹きなどがあるという。[*19] 彼の描くミツバチは、王が死ぬと「悲しげな嘆き声」をあげて悼むというまぎれもない君主制だったが、「暴政ではなく、主権によって支配される」ため、「自らの欲望を統治の法則とする」ような王はためらいなく処刑した。そしてただ怠慢なだけの王であれば、その羽を切り取って「態度を改めさせた」という。[*20] 雄バチの追放と死は博物学者たちによって古くから観察されており、マフェットはこの現象を対立する貴族の派閥の戦略的な締め出しと解釈した。他の者たちと同様にマフェットも、ミツバチがとくに交尾の際に慎み深く（もちろん女王バチが受精卵を産むという、彼らの実際の繁殖行動が知られていなかったからに違いないが）、「簡潔で素朴な」音楽を好み、家族の美徳に満ちていると考えた。トーマス・ブラウンは彼らが死

THe Parliament is held, Bils and Complaints
Heard and reform'd, with ſeverall reſtraints
Of uſurpt freedome ; inſtituted Law
To keepe the Common-Wealth of Bees in awe.

王バチの戴冠。ジョン・デイ『*The Parliament of Bees*（ミツバチの議会）』（一六四一年）より。

者のために作る墓と、入念な葬儀について触れている。

bee（ミツバチ）という単語は、オランダ語で「支配者」や「王」を指す語に由来するというできすぎた説がある。[*21]「王」バチは他のミツバチの二倍の大きさをしていると言われ、「その腿《もも》はまっすぐで力強く、足取りは尊大で、顔つきは堂々として威厳に満ち、額には白い斑点が王冠のように輝いている」[*22]。一六～一七世紀のイギリスの王党派の作家たちは、ミツバチの人を強く引きつける整然とした倫理と、経済・政治上での美徳を、神に選ばれた統治者への服従を呼びかけるプロパガンダに利用した。指導者となるミツバチの性別についての議論はたびたび繰り返され、一五八六年にはメスであることが判明したが、このことをイギリスで初めて発表したのは養蜂家のチャールズ・バトラーで、一六〇九年のことだった。彼によれば、ミツバチの巣箱は「アマゾン族、すなわち女の王国」で、「オスたちは……何の権力ももたない」[*23]。この事実はかつてのエリザベス一世の治世の、大いなる自然による先例とされた。しかしこうした作家たちは、従順性に比べると、ミツバチ生来の利他主義には興味を示さないことが多かった。モーゼズ・ラスデンは王室養蜂家だけあって、ミツバチが「君主制は自然に成立する」ことの証明だと主張し、その理由を「こうした器用で勤勉、有益な生き物が自ら望んで、絶えず政治に参加しているのだから」という[*24]。さらに毎年の雄バチの追放と死や、女王バチ候補を殺すことは、「神がミツバチに宿り、完璧な君主制の明確な模範、もっとも自然にして絶対的な政治の形を人間に見せた。そのため彼らは多頭政治も無政府も同様に忌み嫌う」ことを示しているという[*25]。

ラスデンよりも厳格なプロテスタントの作家やクロムウェル時代の共和制支持者たちは、長老や選ばれた指導者を中心とするそれぞれの教派や党派に分かれており、かつてウェルギリウスが説いた協力、対等、相互利益の美点をミツバチの中に見いだし、その指導者は運や相続ではなく、生まれ持った権力(「美しさ、善良さ、温厚さ、威厳」)によって決まるものとしている[*26]。また礼儀を重んじる作家も、ミツバチの礼儀正しさが人間の振る舞いの規範になると唱え、一七世紀の科学者たちは、多くの個人の力を合わせて行われるベーコン哲学における大事業の手本としてのミツバチにとりわけ惹かれていた。それでもなお、ウェルギリウスの示した市民としてのミツバチは修正や解釈を加えられたりすることがあった。ロバート・フックほどの著名な博物学者も、顕微鏡で観察したミツバチの針を「自然がまさしく報復を望んだ」ことの証で

トスカーナ大公フェルディナンド一世の記念碑にて、統治する王バチ。一六〇八年制作、フィレンツェ、サンティッシマ・アヌンツィアータ広場。

ミツバチは政治的動物として、風刺の重みにも耐えてきた。聖職者とされるジョン・レヴェットは、養蜂の手引き書の中で雄バチの危険性を訴え、彼らが「適切な比率を超えない限りは蜜蜂たちにとって必要かつ有用な存在である（ちょうどわれわれの法律家のように）が、ひとたびその数が増えすぎると（よくあることだが）財産を食い尽くし（共和国における法律家のように）、破滅へ追いやるのだ」と警告している。[*28] レヴェットのミツバチの世界では支配者のハチが王権をもち、「怠け者、ものぐさ、反抗者を矯正し、骨身を惜しまぬ勤勉な者には名誉と激励を贈った」という。[*29]

政治の規範としてのミツバチは、彼らを紋章に取り入れた指導者たちによってその影響力を増した。フランス共和国はすでに協力と平等を表すミツバチの巣箱が象徴として用いられていたが、打倒したブルボン家のフルール・ド・リス〔アヤメの花を意匠化した紋章〕よりも由緒があり、独裁者を思わせない紋章で自らの地位を確立しようと考えたナポレオンは、一六世紀半ばにフランク族の王キルデリク一世（四八一年没）の墓が開けられたとき、そこで発見された黄金の副葬品を思わせるミツバチを採用した。このミツバチはあからさまにではないが、どことなくフルール・ド・リスの形を暗示しているようにも見える。かつてのフランスのいくつかの家系は、すでにミツバチを王や人民に対する市民の義務

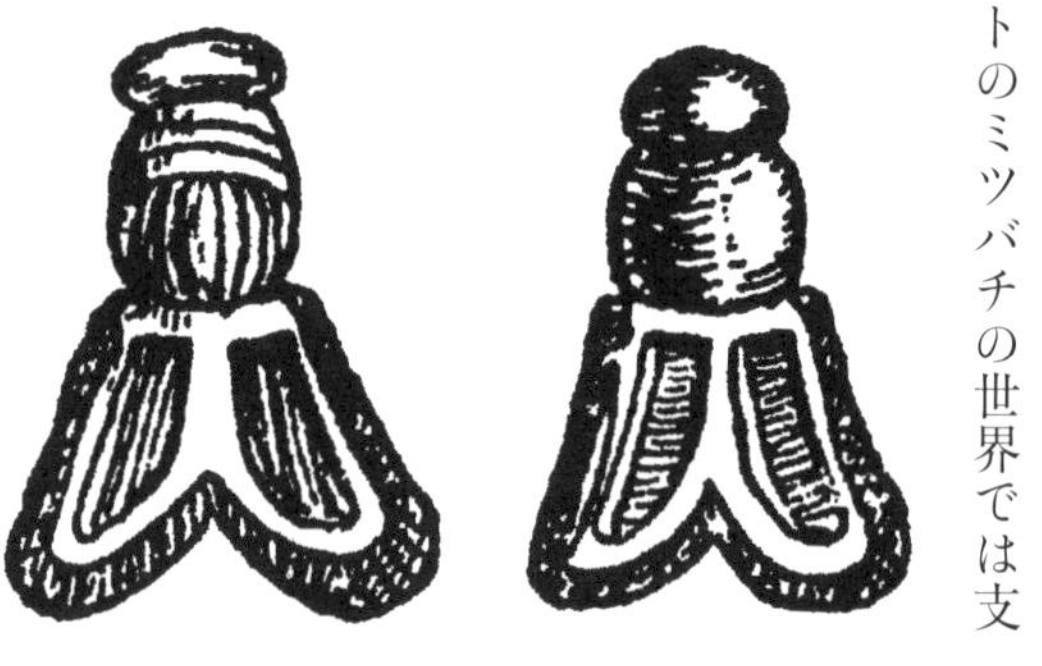

五世紀のメロヴィング朝の王キルデリク一世の墓から発見された黄金のミツバチ。

ナポレオンのミツバチが描かれたフランス帝国の紋章のタペストリー。

バルベリーニ家の三角形。『*Melissographia*（メリッソグラフィア）』より、フランチェスコ・ステルッティによる一六二五年の銅版画。

を表すものとして紋章図形に取り入れており、ジャンヌ・ダルクは王国を守る女性指導者の証として巣箱に象徴されていた。彼女の軍旗には*Virgo regnum mucrone tuetur*（「乙女はその剣先にて王国を守る」）の銘があったという。[*30] 一七世紀のローマとヴァチカンを支配したバルベリーニ家は紋章図形として三角形をなす三匹のミツバチを選び、同家が一六二三年に教皇の座に就くと、アカデミア・デイ・リンチェイの実験哲学者たちは記念として『*Melissographia*（メリッソグラフィア）』『*Apes Dianiae*（ディアナの蜜蜂）』『*Apiarium*（アピアリウム）』（一六二五年）の三冊のミツバチに関する科学論文集を上梓した。『メリッソグラフィア』のタイトルページの銅版画では、解剖学的に正確に描かれたミツバチたちがバルベリーニの三角の紋章を形作っている。

現代では詩人のレズ・マリーが、オーストラリアの共和制を描いた詩「The Swarm（群峰）」（一九七七年）の中で、「自然界の」君主制をめぐるかつての議論を、皮肉を込めて暗示している。定着した分封群の中に彼が見た「イギリスの」ミツバチたちは「女王に群がる哀れな君主制主義者」で、羽は擦り切れ、「ある者はローヤルゼリーを食べる。多くの者は食べない。それでいい。働いて死ぬ」と虚ろに繰り返す「密集した愛国者たち」である。養蜂家は王党主義者として描かれており、反抗の可能性がある逃げた分封群を発煙筒でなだめ、捕まえて自分の巣箱に入れる。[*31]

より身近な政治的寓話

より身近な良識のあるミツバチの伝統は、とりわけ政治的な伝統とともに続いていた。イギリスの思想家サミュエル・ハートリブは一六五五年に、「老いたミツバチと若いミツバチは同じ巣で静かに暮らしており、かつての旧世界の家族のようだ」と物憂げに、まるで近世の手のかかる若者を嘆くかのように書いている。[*32] こうしたどこかピューリタン的なミツバチは、性的に慎み深い（そのうえ、少なくとも二四時間以内に性交渉を行った養蜂家に扱われることに耐えられなかった）[*33]だけでなく、人間の愚行に「どうしても我慢ならず」、香水や巻き髪、赤い服にとくに腹を立てたという。[*34] ミツバチは純潔な者、清潔な者、小ぎれいな者、質素な服装の者、「ふしだら」でない者を好んだが、汗臭い者、口臭（とくに酢漬けの魚、タマネギ、ニンニク）をもつ者、[*35]息の荒い者、酒に酔った者[*36]には針をお見舞いした。

イソップは、蜂蜜でいっぱいの巣を見つけ、その持ち主のミツバチに戦いを挑んだ雄バチの話を伝えている。争いが白熱してきたところで、賢いスズメバチが巣の所有権を判定するために呼ばれた。スズメバチは両陣営とも新しく蜂蜜を作り、どちらのものが問題の蜂蜜の味に近いかで正当な所有者が分かると言った。ミツバチはすぐにこの提案を受け入れたが、雄バチは拒んだ。スズメバチは雄バチが自分たちで蜂蜜を作れないのだと判断し、巣はミツバチのものとした。ミツバチと公正な者とはよく比較されるが、[*37]ミツバチはつねに正しく、ときには度が過ぎることもある。イソップによる別の寓話にはゼウスとミツバチが登場する。ミツバチがゼ

ルーカス・クラーナハ（父）『*Cupid Complaining to Venus*（ウェヌスに泣きつくクピド）』（「蜂蜜泥棒」）。一五三〇年代ごろ、板に油彩。

ウスに蜂蜜の壺を贈ると、喜んだ神から見返りとして欲しいものを聞かれた。ミツバチは巣を漁る者に対して使う針に、死に至らしめる力を永久に与えてほしいと頼んだ。まったく理性を欠いた過激な願いだと怒ったゼウスは、針を使ったミツバチは自らも命を落とすことを定めたのだった。

ミツバチに刺されたクピドを慰めるウェヌス。アンドレア・アルチャーティ『エンブレム集』（一五三一年）より。

訓話に登場するミツバチは存分にその役目を果たしている。クピド（キューピッド）とミツバチの遭遇の話を最初に書いたのは詩人テオクリトスだ。「ミイラ取りがミイラになる」を申し分なく表すこの挿話（ルネサンス期のエンブレム〔寓意などを要約した図像〕として定番の主題でもある）では、クピドが蜂蜜を盗もうとすることもあれば、ここに挙げた詩人ロバート・ヘリックによる再話のように、ただミツバチの縄張りに踏み込んだだけのこともある。

クピドがバラのあいだで休んでいると
ミツバチが彼を刺した。
怒りにまかせて飛び起きると

母のもとへ向かいこう叫んだ。
助けて！　助けて！　あなたの息子が死んでしまう。
どうしたの、かわいい坊や？　と彼女は言った。
泣きじゃくりながらクピドは答えた。
羽のはえた蛇がぼくを嚙んだんだ。
田舎の人がミツバチと呼んでいるものが。
彼女は微笑み、その髪で
涙をぬぐってやり口づけすると
こう言った。まあ、坊や！
そんなにひどく痛むのなら、
言ってごらんなさい、あなたの矢で
射られた人の痛みがどれほどか！[*38]

アルブレヒト・デューラー『*Cupid Complaining to Venus*（ウェヌスに泣きつくクピド）』。一五一四年、紙にインク、水彩。

フィリップス・フォン・マルニクス『*De Roomische Byenkorf*』（ローマ・カトリック教会の巣箱）（一五八一年）。

地域・時代によるバリエーション

ミツバチによる道徳と政治上の教訓が地域ごとに改竄されるのは、おそらく必然なのだろう。一六世紀のプロテスタントの論客にとって、スケップ型の司教冠《ミトラ》はウェルギリウスの秩序ある巣箱を「ファリサイ派のハエ」〔古代ユダヤ教の一派で、信仰よりも宗教的儀式を重んじる偽善者を指す〕の邪悪な巣、すなわちローマ・カトリック教会を表すものに変えるヒントとなったに違いないが、[*39] ジョン・ドライデンは一七世紀後半に翻訳したウェルギリウスの『農耕詩』の中で、一般のミツバチが「空高く勝手に飛び回る王たち」の気まぐれを阻止するにはその羽をむしればいい、と落ち着いた様子で力説している。[*40] 劇作家のジョン・デイは著書『*The Parliament of Bees*』（蜜蜂の議会）』（一六四一年）の中で、その当時は反ジャコバイトの演説をすると考えられていたミツバチの社会組織を扱ってい

フィラデルフィアのアメリカ連邦議会が一七七九年に発行した、ミツバチの巣箱が描かれた四五ドル紙幣。

る。「スズメバチのようなミツバチ」は「ぶつぶつと文句を言い、徒党を組み、暗殺を企てる王殺したち」を意味し、一方で正しい考えのミツバチたちは、真のプロテスタントの信仰に従って統治する王を選出するという。[*41]

牧師だったアイザック・ワッツの小さなせわしないミツバチは、精力的に「時間を有効に使う」[*42]が、ジョン・ゲイの風刺的な寓話「The Degenerate Bees（堕落した蜜蜂）」では、富と権力を求める利己的な本能にかまけて巣に堕落の種を蒔いた「享楽的で怠慢な」ミツバチの反乱が描かれている。数少ない誠実なミツバチは彼らに立ち向かい、「個人の目的を求めることは、公共の破滅を求めることだ」と指摘する。[*43] 誠実なミツバチは追放されるが、巣が正しい政治を取り戻すことを予言する。ジョナサン・スウィフトに捧げられたこの寓話は、誠実さ、恐れを知らぬ率直さ、そして協力への賛辞だ。

こうしたミツバチ社会に関する類型的な逸話の数々は、ほとんど吟味されることなく、意味ありげに濫用されるようになった。たとえばバーナード・マンデヴィルの『ブンブンうなる蜂の巣』（一七〇五年）（のちに『蜂の寓話』（一七一四年）に改訂）は一八世紀のイギリスの商業的・政治的発展についての精緻な風刺詩だが、ミツバチは大規模な社会組織のひねくれた一員でしかなく、ミツバチ特有の性質や習性についてはは描かれていない。しかしアメリカ独立革命やフランス革命の時期のミツバチの立場ははっきりしたものだった。ミツバチの厳しい経済上の美徳に対するアメリカ人の入れ込みようは、もとより厳格な規範をもつエミリー・ディキンソンの簡潔な詩で不動のものとなった。

蜜蜂のように
つつましく味わって下さい
シシリー島では
バラは財産なのです[*44]

（『愛と孤独と　エミリ・ディキンソン詩集I』）

ウェルギリウスのミツバチの伝統に長く根ざした、市民の、そして政治上の道徳は、一七七九年にアメリカ連邦議会が発行した紙幣にミツバチの巣箱を描かせ、おそらくはフランスの共和主義者にも次の一〇年間のヒントを与えている。一九世紀に完成したアメリカ合衆国議会議事堂に見られるように、象徴として重要なミツバチの巣箱はアメリカの大衆受けする様式として存続し、サウスカロライナ州にはビー・シティ（ミツバチの街）という、映画会社ＭＧＭの一九三〇年代の野外撮影地を思わせるこぢんまりとしたテーマパークがある。園内には市役所、病院、「誰でも小ぎれいでいる権利がある」という意味を込めて「バズ・カット（buzz cut）」〔buzzはハチの羽音、buzz cutで「丸刈り」の意味がある〕と呼ばれる理髪店などが並ぶ。ビー・シティのウェブサイトで販売されている最後の晩餐やマザー・テレサを模した蜜蝋製の小像や彫刻は、ミツバチに特有の倹約性を称えつつ、今でも彼らの美徳とキリスト教の高潔の象徴とを結びつけている。アメリカ人のミツバチに対する愛情と尊敬は驚くに値しない。アメリカ独立戦争も人民の権利などと大げさな言葉で飾られてはいるが、そもそもの発端は税金をめぐる口論だった。

フランス革命におけるミツバチによるプロパガンダは、より明確にウェルギリウス的であり政治的だ。共和派のシンボルはスケップと六角形で、

ワシントンD. C. にあるアメリカ合衆国議会議事堂を模した巣箱。A・I・ルート『*The ABC and XYZ of Bee Culture*（養蜂大全）』より。

平等と共和政のスケップ。ピエール＝ポール・プリュードン『*Egalité*（平等）』。

労働者の共同体とフランスそのものの大まかな形を表すものだった。上の図では、「人間の権利」と彫られた銘板がスケップと並んで置かれている。この伝統に触発されたのだろうか、フランソワ・ミッテラン元仏大統領は一九七〇年代の政治の回顧録を「ミツバチと建築家」と名付けている。[*45] アイルランドの作家アーサー・マーフィーがヴァニエールのものを翻訳した『*The Bees*（蜜蜂）』（一七九〇年）では、「フランス無政府主義者たちの荒々しい野望」で民衆の心が乱れている時世においてつまらない話題を扱うことを丁重に詫びながらも説明を続け、新しい女王バチの出現を「革命の同士」との協議に、略奪を行う未開の森のミツバチを「寄付や新しい共和政の計画を募り、破壊的な力である〝人間の権利〟を叫ぶ」急進派になぞらえている。これは同年に書かれた「*The Necessity of Destroying the French Republic*（フランス共和政打倒の必要性）」と題する小論文を併録して出版されていた。[*46] フランスの政治的なミツバチに影響され、イギリスの評論家たちもミツバチをテーマに取り扱うようになった。一七九二年、詩人のメアリー・オールコックはルイ一六世の裁判に反応し、「この退廃した時代に／虫たちは人間をまねて罪を犯すようになりました」と書いている。ミツバチはもはや社会秩序や善政の象徴ではなく、革命に身を震わせるようになっていた。オールコックの寓話の中では反逆したミツバチが巣箱を乗っ取って「みなに平等を」と主張し、「自由、不労――ミツバチの権利を」と唸りをあげる。[*47]

こうした政治的なミツバチの寓話の論調は、過去二〇〇年間でその時代の観念に合うよう変化してきた。一八九五年に無政府共産主義者たちが出版した『*Liberty Lyrics*（自由の詩）』では、ミツバチには主人も、金も、報道も、そして「財産を独占する者」もいないことを祝福されている。[*48] さらにアメリカのチャールズ・ウォーターマンによる一九三三年の興味深い本『*Apiatia: Little Essays On Honey-Makers*（アピエイシア：蜂蜜作りについての小論）』では、雄バチを間引く働きバチがマルクス主義の革命家として描かれている。

好奇心の強い子供に抵抗するミツバチと、それを見ていたジャコバン派の象徴であるフリジア帽をかぶった若い女性。一八五〇年の版画より。

フランス革命を象徴する巣箱。

有閑階級は絶えず持たざる者たちからの嫉妬や羨望を集め、いつもこれ見よがしにしていることから怒りを買い、やがて虐殺が起こる。アピエイシアの王子たちは、つねにこの虐殺の標的となってきた。穏やかな天気のときには、日光を浴びることも豊富に蓄えられた食料を味わうことも許されていたが、冬が来て、口数によって食料を制限する必要が生じると、産まざる者たちは物質主義に必要な生贄となる決まりなのだ。嫉妬に後押しされ、叫び声が響き渡った。「王子を倒せ。王子に死を。産む者たちに実りあれ」[49]

イアン・ハミルトン・フィンレイによる革命の象徴である巣箱。

雄バチの追放に対する一六世紀のマフェットの経済的な見方は、欠乏によって巣箱内に反乱が起きるが、民衆の暴動に煽られて不必要に王の権力に歯向かう者が現れないように雄バチを排除するというものだった。[50] ウォーターマンが戦間期に書いたミツバチの空想も同じような手法で、ロシアで起きた出来事を参考にしてこのテーマに変化を付けている。しかしその主題は、ミツバチの生活の浮かれた場面を描くことでやや損なわれてしまっている。ウォーターマンは雄バチを「私にとって世界でただ一人の女性！」と歌いながら女王バチに憧れるものと考えており、ウェルギリウスやマフェットが示唆したどんなものより奇抜だ。[*51] イギリスの詩人ロバート・グレーヴズは一九五一年の詩で、革命期の雄バチを少し違った形で登場させている。彼らは現状に満足し脱退したイギリス共産党員で、「あらゆる巣箱を永遠に治める巨大な王バチ」をでっち上げる。[*52] アメリカの詩人アンリ・コールの二〇〇四年の詩「The Lost Bee（死んだ蜜蜂）」では、テロリストによる攻撃を受けた中東の紛争地帯という絶望的な舞台で、ミツバチを旅立つ魂と考える古代の信仰を想起させている。「血にまみれた物乞い」であるミツバチが、射殺されて間もない、もつれ合った死体のそばで水桶に漬かっている。「もしすべての人に魂があるのなら、もう去ってしまったか、ざわめいていただろう[*53]」。啓蒙時代とそれ以降には物騒で人を惑わせる意味を帯びていると思われた政治的なミツバチ。実際にはその生態と習性に由来する、相反する道徳観の長い伝統があるのだ。

右・共和政の巣箱と*travaille et economise*（労働と倹約）の標語が刻まれた一七九四年のジュネーヴの硬貨。左・ウジェーヌ・ウディネによるフランス第二共和政のメダル（一八四八年）。

5

敬虔《けいけん》と堕落の間

他のすべての（腐敗物から生じたものでない）生き物が、その本能において肉欲の熱にうかされるのに対し、ミツバチはその支配を受けず、より慎み深い方法で繁殖する。

H・ホーキンズ『*Parthenia Sacra*（聖なるパルテニア）』（一六三三年）*1

中世のキリスト教徒の作家にとって、ミツバチの政治的な知恵はその他の道徳的な性質とは切り離すことのできないものだった。神聖と潔白の象徴であるミツバチは、羽をもった神のしもべであり、アダムの堕落の影響が降りかかる前にエデンの園を逃れた唯一の生き物だった。このようにミツバチを人類堕落以前の世界と結びつけることは古くからあり、とくにヨーロッパと中東一帯で盛んだった。ヒッタイト〔紀元前一五〇〇年ごろに小アジアに王国を築いた民族〕の神話によれば、アダムとエバがエデンの園を去るときにミツバチがついて行ったという。ハンガリーの神話では、もとは白かったミツバチが悪魔サタンと戦ったことで茶色くなり、くびれた腰をもつようになった。ミツバチは神の使いをしているところをサタンに捕らえられ、昆虫《インセクト》（insect、原義は「切れ目のあるもの」）の名が示すとおり、胸部と腹部のつなぎ目を鞭で切り裂かれた。縞模様は鞭打ちの痕だという（ミツバチの最大の敵の一つはスズメバチで、悪魔がミツバチを作ろうとしてできた失敗作とされる）。同様の伝承では、縞模様はミツバチが楽園から逃れるときに天使の燃える剣によってつけられた傷だとしている。クルアーンでは、アン・ナフル（ミツバチ）がアッラーに命じられ、世の中に出て、巣を作り、花蜜を集め、人間の役に立つようにと蜂蜜を作る。「それらは、腹の中から種々異った色合いの飲料を出し、それには人間を癒すものがある[*2]」（『聖クルアーン：日亜対訳・注解』三田了一訳・注解、日本ムスリム協会、一九八二年）

ギリシャ・ローマ古典文学の黄金期には蜂蜜は登場してもミツバチが扱われることはなかったが、[*3]ウェールズ人の伝承ではミツバチは楽園で生まれ、人類の罪のためにそこを離れたとしている。神はミツバチを祝福し、蜜蝋の蝋燭なしではミサは捧げられない。ダンテ・アリギエーリによる『神曲』の天国篇では、ミツバチのような天使の案内人が神秘的な天国の薔薇のそばに立っている。[*4]ウィリアム・ワーズワースの詩「Vernal Ode（春のオード）」はこうした伝承を思い起こさせる。

うなるミツバチよ！

かつておまえの針が使われることはなく、誰にも知られていなかったのだろう。
悪意の種がいまだ蒔かれず
すべての生き物が荒ぶることなく平和に会し、
威厳に驕りが混じることのなかったころは。*5

貞淑の鑑

ミツバチは慎み深いと考えられていた。H・ホーキンズ〔イギリスのイエズス会士作家〕は、ミツバチのあいだではいかなる性分化も存在しないと信じていた。「もしあるとしても、彼らはみなやもめである。なぜなら、彼らには結婚というものがなく、天使の大群のように寄り添って慎ましく生きているからだ*6」。古典期の作家たちはミツバチが交尾をしないという認識を発展させていった。ウェルギリウスはアリストテレスにならい、「彼らは葉や花から子供を集める」と主張した。*7 ミツバチが無性生殖をするという伝承は聖母マリア崇拝と結びつけられ、その穢《けが》れなさを象徴する印として描かれたミツバチを目にすることも多い。祝福された乙女マリアが神の恩寵《おんちょう》である天の露で生きるように、ミツバチも「天から降ってくる露に劣るものを口にしない」のだ。*8 その延長として、ミツバチは「神の子の限りない世」をも象徴するものとなった。*9 ミツバチ、蜂蜜、蜂の巣、蜜蝋はいずれも純粋さと結びつけられた。ウェールズ人の風習が示すように、キリスト教の伝承では、肉欲で汚れた獣脂の蝋燭とは違って蜜蝋の蝋燭は純粋な光源とされ、ローマ人の儀式には欠かせない道具だった。蜜蝋はキリストの汚れなき肉体を、蝋燭の芯はその魂を、そして炎は両者を支配する神性を象徴している。[*10] ピサンキと呼ばれるウクライナの民芸品は、卵に植物染料と蜜蝋で色鮮やかな装飾を施したもので、聖母マリアがローマ領ユダヤの総督ピラトに我が子の命を助けるよう嘆願したときに渡したとされている。別の伝説では、卵の行商人が十字架を背負うキリストを助けたとき、持っていた籠いっぱいの卵がピサンキに変わったという。

つねに市民道徳と結びつけられてきたミツバチとその生産物だが、キリスト教の考え方では彼らのもつ独特の自己犠牲や真実そのものと関連付けられている。ときに神の言葉は口の中の蜂蜜にたとえられ、詩編ではイスラエルの民に、神の道を歩めば「岩から蜜を滴らせて」満足させるだろうと呼びかけている[*11]（『聖書　新共同訳』日本聖書協会、一九八七年）。その一方で、ミツバチと蜂蜜作りは福音書ではこの世に生きていることの現実性と強いつながりをもっている。キリストは肉体と魂が復活したことを使徒たちに証明するために、蜂の巣をひとかけら食べて見せた。[*12]

一三世紀のフランスのドミニコ会士トマ・ド・カンタンプレは、ミツバチの生活はキリスト教の聖職者の規範だと書いており、針をもたない「王」バチを慈悲深い司教に、修道会の平信徒を雄バチになぞらえた。彼はまた、ミツバチによる採集を巨大な修道会での学問に、甘い花蜜の採取を、古代の、そして教父〔正統信仰の著書をもち、自らも聖なる生涯を送った二〜八世紀のキリスト教神学者〕たちの知恵の吸収にたとえている。[*13] 実践的な果実栽培に関する著作をもつ、ある一七世紀の清教徒の作家は、仕事をするミツバチと日曜日に働いてはならないという安息日厳守主義に折り合いを付けている。

私たちの目は……小さなミツバチたちのようにさまざまなものを見つけ、そこから（ミツバチが多くの花から集めるように）蜜を集め、巣に持って帰らなくてはならない。それはすなわち、あらゆる性質をもつ創造主を称える、甘く、至福の、健全なる瞑想なのだ。[*14]

信者とミツバチ

中世の説教師、リチャード・ロールは、ミツバチの三つの性質はキリスト教徒の三つの美徳を表していると書いた。ミツバチは決して怠けず、わずかな土を重しとして脚につけて飛び、つねに羽の輝きを保っている。だから分別のある人間は決して怠けず、低俗な地上のものであることを忘れず、慈悲の本能をいかんなく発揮できるようにしているのだと。[*15] この発想はヴィクトリア朝時代になっても続いており、ある詩人は「ミツバチのごとく勤勉に知識の巣を満たせ……詩作の炎のための薪を蓄えよ……」と促している。[*16] 中世の聖職者としてのミツバチは、近代になるとライナー・マリア・リルケが詩人という世俗的な存在としてとらえ、脅かされている自然界を詩人が自らの内に取り込むことは、この世界の貴重なものを集め、言葉に表せな

右・巣箱から見つかった聖母マリア。聖母の生涯を描いた一三世紀後期のスペイン・ガリシア地方の写本より。
下・巡礼の聖母マリア。一八六九年の彩色巣箱より。

い詩的なものに変換し、栄養とするためにとっておく行為だとしている。「私たちは霊界のミツバチだ。物質界の蜂蜜を必死に奪い、霊界の巨大な金の巣に集めるのだ」[*17]

アンブロジウス、アウグスティヌス、ヒエロニムス、バシレイオス、テルトゥリアヌスといった多くの教父たちが、キリストの生涯をミツバチの一生にたとえてきた。ミツバチがその口から子を産むように、「キリストは……父の口から出た」[*18]。またある者たちは、交尾をしないと考えられていたミツバチを世を捨てた修道士の象徴、ミツバチの飛行を天に向かう魂のシンボルととらえた。後者はおそらく、賢く才気のある人間の魂は転生してミツバチの体に入ると信じていたピタゴラス以来の伝承と思われる。ヨーロッパで広く信じられている民間伝承では、天国に行く権利をもつ動物はミツバチとワシだけだという。[*19] イタリアのエマヌエーレ・テザウロ〔雄弁家・劇作家・詩人・歴史家〕はウェルギリウスを引き合いに出し、「Esse Apibus partem Divinae Mentis, et hautus Aetherios dixere: ma i Filosophi Christiani furono stretti di confessare un Vestigio di ragione negli Animali inragionevoli」（「ミツバチたちは天上の霊気を吸い込むことで神の知恵を共有すると言われている。しかしキリスト教哲学者たちは、こうした理性のない生き物の中にも理性の名残があることを厳格に認めていた」）と書いている。[*20] コルメッラやウァロといった古代の作家たちは、死んだミツバチの灰を甘いワインに混ぜ、日光にさらせば蘇らせることができるといい、この伝承は一七世紀になってもパーチャスやマフェットによって支持されていた。[*21] ミツバチが復活するという信仰（おそらく、ミツバチが死骸から発生するという腐敗起源を伝える相反する伝説と混同されている）は、ミツバチを敬虔、不死、潔白、霊性と結びつける幅広い神学的な伝統の

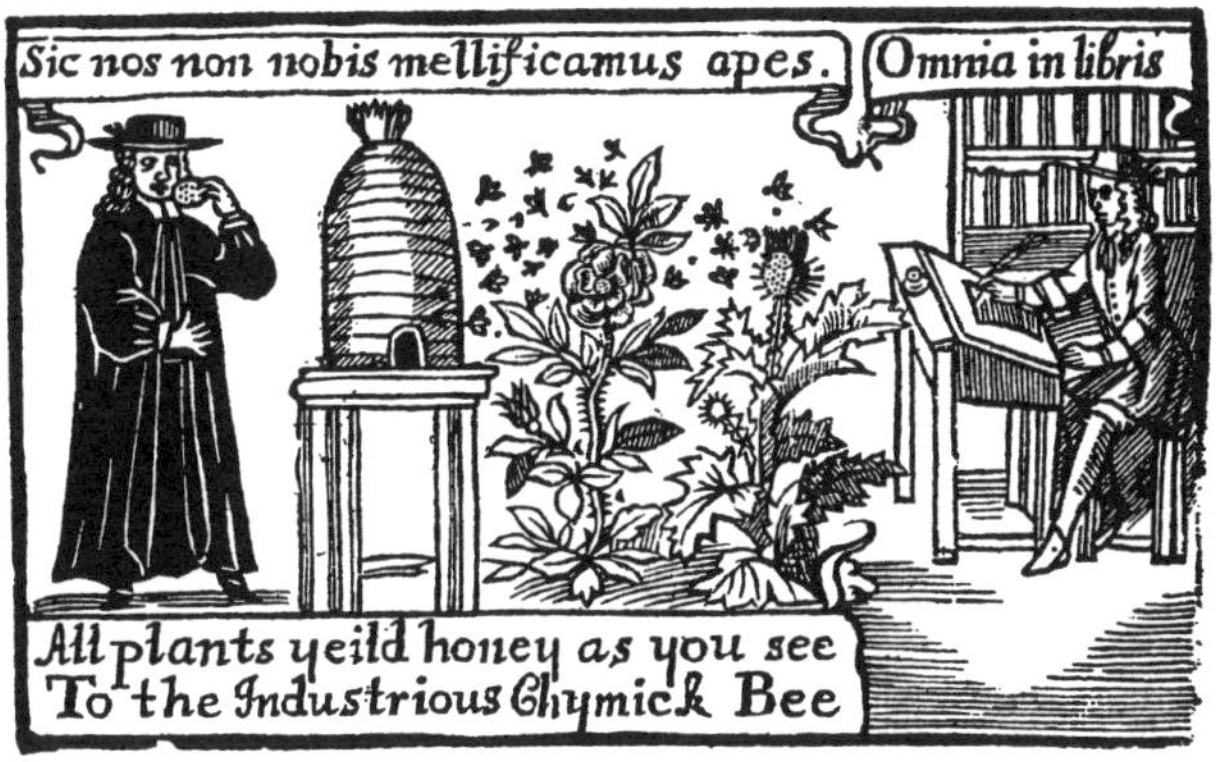

ミツバチと学問を結びつけた一七世紀の木版画。

根源の一つなのだろう。後年の作家たちは、ミツバチが交尾をしないという考えを捨ててもなお、その慎み深さを信じていた（「ミツバチたちがウェヌスのもとで何かをするときは秘密に動き、あらゆる人間の目と知識のはるかに及ばぬところへ離れる」）。[22] そして彼らはミツバチを、人間と動物が平和に暮らしていた黄金時代への懐旧の念と結びつけたのだ。デヴォン州・バックファスト修道院の二〇世紀の修道士たちを励ましたのは、こうしたミツバチと純潔、潔白、修道的な隠遁とのつながりの名残だったのだろう。彼らはアダム修道士（ベネディクト会修道士で養蜂家のカール・ケーレの通称）のもとで養蜂技術を高めた。特筆すべきは「バックファスト」種の開発で、生産力に優れ、病気に強く、きわめて温厚なこのミツバチは、今や世界中に導入されている。

ミツバチの神聖な性質は、イギリスで宗教改革が起こり、修道院が廃止されていっても滅びることはなかった。一六〇九年に、次のようなミツバチに関する驚くべき逸話が事実として報告されている。ハンプシャー州の教区牧師で音楽学者のチャールズ・バトラーによれば、ある年老いた田舎の女性が、飼っているミツバチが伝染病にかかっているのを見つけた。治療のために、友人の助言で巣箱の中に聖体（ミサや聖餐式で供される、キリストの体を表すパン）のかけらを置いた。それからしばらくして、女性がミツバチの健康状態を確かめるために巣箱を開けてみると、ミツバチは回復していたばかりか、蜜蝋で鐘塔や鐘まで揃った礼拝堂を作っており、蜜蝋の祭壇に聖体をそなえ、その周りでいっせいに羽音をたてていたという。[23] この物語はイギリスの詩人ロバート・ホーカーにより一八九九年に再話され、「聖なる生き物の寓話」として

「どんな賢人でも、ミツバチの深い礎《いしずえ》は見通せない」こと、そしてあらゆる被造物のうちでもっとも小さく、慎ましやかなものでも「愛おしそうに神の秘儀を夢想する」ことに気づかせるものになっている。[*24] ルネサンス期のエンブレム集では、ミツバチは*sine iniuria*（「無害」）、*operosa et sedula*（「活発で勤勉」）であり、*candor ingenuus*（「完璧な誠実さ」）にあふれ、*omne tulit punctum*（「すべてのものは針をもつ」）、*omne tulit punctum, qui miscuit utile dulci*（「喜びと利益を兼ねるものはみな針をもつ」から）の生きた印であると言われた。[*25]

ミツバチの受難

一方で、道徳上の重要な観念が人間によるミツバチへの暴力という形で表されることも多かった。人間の営みにおける「不当な習慣」は、「哀れなアテナイのミツバチ〔プラトンの異称〕を蜂蜜のために焼き殺す、あるいは長年続く悪知恵によって最高の場所から追い出す残酷な養蜂家」の古いしきたりにたとえられた。[*26] ウォルター・ローリー卿〔イギリスの作家・探検家〕は貴族や家臣たちに対するヘンリー八世の無慈悲さを、乱暴な養蜂になぞらえて表現している。「どれだけの者に蜜場の豊富な花を与え、収穫が終わると巣箱ごと焼き殺したことか！」。[*27] バトラーいわく、「彼らはみなのために働き、みなを気にかけ、みなのために戦う」。[*28]「熱心で、勤勉で、骨身を惜しまぬ」ミツバチの「経済上の」、そして政治上の美徳によって、[*29] 彼らの生来の敬虔な態度に異を唱えることはとりわけ憎むべきものになったとマフェットは言う。ソロモン〔古代イスラエル王国の三代目の王〕によれば、「礼儀正しく性質のよいミツバチは……熟練した養蜂家の世話を拒まない。それどころか、深い愛情と喜びを示すのだ」[30]。このことからチャールズ二世付きの王室養蜂家であったモーゼズ・ラスデンは、蜂蜜のためにミツバチを殺す慣習を嘆いている。「あの哀れで熱心な生き物に対する残酷な仕打ちは……まさに悪魔の所業である。この上なく勤勉なしもべたちに、大きな破滅をもって報いるのだから」[31]

尻に針をもつ勤勉なミツバチ。*Omne tulit punctum*（「すべてのものは針をもつ」）。ディエゴ・デ・サアベドラ・ファハルド『*Idea Principis*（君主の理念）』（一六四九年）より。

ミツバチはふつう、硫黄などの有毒な煙で殺されていた。ジェイムズ・ボズウェル〔スコットランドの法律家・作家〕は、ミツバチを殺さない採蜜方法に興味を持った。彼がそれを目にしたのは一七六五年、コルシカ島にあるフランチェスコ会修道院でのことだ。修道士たちはネズの木のようなものを使い、「その煙はミツバチを隠れさせ……決して殺すことはなかった」[32]と満足げに書き残している。一八

ミツバチの秘匿性と慎み深さが、*Nulli patet*（「開けて見るべからず」）の標語で表されている。ディエゴ・デ・サアベドラ・ファハルド『*Idea Principis*（君主の理念）』より。

世紀後半の日記作家アン・ヒューズは、採蜜のためにミツバチを殺すことの本質的な不当さにとまどっている。「この哀れな生き物を殺すのは本当に悲しくなります。善良なミツバチたちは粗末に扱われ、スケップを外すと穴の底でうずたかく折り重なって死んでいる。それでも蜂蜜は欲しいのです[*33]」。一九世紀イギリスの精力的な養蜂家で、ニュージーランドに初めてミツバチを移入したウィリアム・コットンは、トーマス・ナットが一八三〇年代に提唱した「ミツバチを殺すな」運動の中心人物だった。コットンは、ミツバチを焼き殺した日の夜には必ずその幽霊が現れるという田舎の養蜂家や、ミツバチを焼いた次の日曜日には教会に行くことを欠かさないという年老いた女性の話を報告している[*34]。コットンはミツバチに報いるため、この生き物に対して後の著作で「イギリスのミツバチは、私の功により多くの利益を上げるようになるだろう」と保証している[*35]。田

舎の養蜂家たちが、自分のおかげでミツバチを保護することを学ぶからだという。近代でミツバチに対する思いやりと礼儀を表現したダイアナ・ハルトック〔カナダの詩人〕の詩「Polite to Bees（ミツバチには礼儀よく）」では、蜂蜜を羽のように腕にまとわせた女性が「誰も怒らせずに飛べるだろうか」と不安げに考える。[*36]

ミツバチの罪

とはいえ、すべての作家がミツバチの礼儀正しさに感銘を受けたわけではない。サミュエル・パーチャスは「ミツバチにとって、ミツバチ以上の略奪者」などいないと書いており、この社交的な生き物が「愛と平和のうちに会話を交わしている」はずだという人間の期待は理にかなっていないと指摘した。「彼らが戦うのは正義ではなく戦利品のためであり、戦争を口実にして略奪の応酬を行うのだ」。さらには「ミツバチはよく、戯れに他のミツバチから略奪する」とまで言っている。[*37] 一七世紀のノリッジ〔イギリス・ノーフォーク州の州都〕の主教、ジョゼフ・ホールはミツバチの争いを道徳的に考察している。

この有益にして勤勉な生き物がお互いに猛然と向かっていき、巣箱のちょうど入り口で刺し殺し合う光景のなんと痛ましいことか。彼らの種の敵であるスズメバチや雄バチにこうした行為がなされるのを見るのはよいが、これでは正義もなにもない。しかし彼らが自分と同じ羽をもつ相手に不当に向かっていくのを見たら、飼い主は気を揉まずにはいられないだろう。どちらが勝ったとしても同様に、必ず敗者となってしまうのだから。*38

フランソワ・リュード『*Aristaeus Mourning the Loss of His Bees*（ミツバチの死を嘆くアリスタイオス）』。一八三〇年、青銅。

一九世紀のアメリカにおける養蜂の第一人者で、『アピエイシア』の出版社のオーナーであったエイモス・アイヴズ・ルートは、ミツバチの欲深さについてやや皮肉を交えて書いている。

いくら素晴らしい本能の数々を備えているとはいえ、ある巣箱のミツバチが周りのミツバチの幸福を少しでも気遣うなどとはとうてい思えなかった。もしも女王バチの死でどれか一つの巣箱の群れが力を失ったり、年老いて貯蔵品を守れなくなったりすれば、他のコロニーがその事実を知った瞬間に押し寄せ、見張りを倒し、まったく何でもないことのように、荒らされた巣からその蓄えの最後のひとかけらまで奪い、一メートルと離れていないであろう自分の巣で祝杯をあげる。その一方で、略奪された巣箱のミツバチは飢えのために弱り、巣箱の底に倒れ、入り口から力なく這い出そうとするばかりだ。せめてもう少し群れが大きかったら、状況はまったく違っていただろう。まず一匹のミツバチが十分な食事をとって体力をつけ、ふらつきながらも飢えつつあるコロニーの仲間に食料を配って回れるのだから。*39

死骸より生まれ出るもの

礼儀、敬虔、潔白を象徴する歴史の中で、ミツバチにはさらにもう一つの伝承が付け加えられた。ミツバチが一方で純潔、潔白であるとするなら、他方では博物学者により「欠陥がある」と解釈された。つまり、いくつかの伝承にあるように、腐った死骸から孵化するためにミツバチの発生は堕落的なものと考えられ、また幼虫が成虫の姿とまったく似ていないという特異な生まれ方をすることから「曖昧な」ものとされた。この興味深い伝承はエジプト人が発端で、古代ギリシャの作家たちのあいだにもミツバチは腐ったものから生まれるという認識があった。エジプト人はミツバチがエジプトの聖なる雄牛、アピス（Apis）から生まれ、また復活の神オシリスの化身であるとした。土に埋められた雄牛（または絞め殺されたあと、密室に封じ込められたもの）は新しいミツバチを産むと考えられていた。この信念はまず間違いなく、ナイル川の三角州の泥から生物が発生するのを見て提唱された、自然発生説という奇跡のような現象の説明に由来している。伝承は旧約聖書にも表されている。サムソンが若い獅子を素手で殺すと、その死骸の中にミツバチの群れと蜂蜜を見つけ、そこから謎かけを考える。「食べる者から食べ物が出た。強いものから甘いものが出た」[*40]（『聖書　新共同訳』）。伝承はギリシャ人に受け継がれ、アピスはミツバチを指す語となった。ギリシャ人に続いて、ローマ人の作家たちもこの伝承を扱っている。ウェルギリウスによれば、ギリシャ神話の神アリスタイオスは森の木の精エウリュディケーを追いかけるが事故で死なせてしまい、飼っていたミツバチの全滅によって罰せられる。[*41]その後、海神プローテウスの助言で償いとしてウシを生贄に捧げ、九日が経ってその死骸の中に新しいミツバチの群れを見つけたという。オウィディウス〔ローマの詩人〕はこの雄牛から生まれるミツバチの話を『変身物語』に収録している。[*42]特定の動物から「生まれる」ミツバチは、作る蜂蜜に等級があるという。高位のミツバチは高位の動物から生まれ、ライオン、仔牛、雄牛から生まれたミツバチの蜂蜜が最高だと考えられた。一七世紀後期までの養蜂作家たちは、最高の蜂蜜の作り手が生まれるように仔牛の死骸を巣箱の近くに置いておくことをたびたび読者に勧めていた。アリストテレスはこの現象について書いている。「もし……ミツバチが生まれず、どこからか子を連れてきたなら、それはそこで、つまり子種を取ってくる場所でミツバチの働きをしないミツバチがいたためにやむを得なかったに違いない。というのも、適切でない場所にはるばる連れてこられて、どうして完璧な仕事などできようか」[*43]。ミツバチの交尾せずに繁殖する能力を、アリストテレスは「彼らに対する自然の恵みの欠陥」によるものだとしている。*nihil ut apum, habent genus divinitatis*（「ミツバチの他に神性の印をもつ動物はいない」）というのがその理由だ。[*44]ミツバチと、社会性が分かったいくつかの種を除いて、あらゆる昆虫は卵を産んですぐに放棄してしまう。この伝承は、そんな昆虫たちを取り違える中で

テート&ライルの黄金シロップの缶に書かれた「食べる者から食べ物が出た。強いものから甘いものが出た」（士師記 一四：五―一四）（『聖書 新共同訳』）

生まれたものだ。ミツバチの場合は、おそらく実際に腐敗物に卵を産み付けるハナアブと似ていたことが混同の原因だろう。女王バチは当然、蝋の巣房にしか産卵しない。腐敗物にウジや他の昆虫の幼虫がつくのが観察されると、天の下のすべての動物が生まれながらに持っている堕落の兆候と見なされた。人間は等しく堕落へ向かっており、死の間際になって初めて、われわれの体の中にある堕落の要素がはっきりと見てとれるようになるというのだ。ミツバチは「混ざり合った欠陥のある生き物」であり、「*generantur ex putri*……腐敗から生ずる」と書かれている。[*45] 高性能の顕微鏡なしでは、昆虫の成虫（ミツバチではなくとも）が単に幼虫の栄養源としてふさわしい場所に産卵しているだけだということを誰も突き止められず、腐敗性繁殖の伝承は一七世紀後期まで続いていた。[*46] 一七〇五年にマリア・メーリアン〔ドイツの画家〕が南アメリカ産のハナバチと、木の枝に産み付けた泡のような卵塊（実際にはオビカレハというガの卵だった）を紹介した。現在でも「ミツバチの唾」として知られているものだ。

若き日のウィリアム・コットンは、ハートリブの著書に触発されてこの方法でミツバチを繁殖させようと試みたが、一八世紀後期にはこの考えはとっくに廃れており、本格的な科学の前置きという扱いだった。それでも、人を引きつける隠喩としての力は衰えていなかった。それはワーズワースの「春のオード」にも見られ、ジョン・ホイッティア〔アメリカの詩人〕の一八六〇年代後期の詩にも表れている。「伝説は死んだ」ように思われていたが、「*The Hive at Gettysburg*（ゲティスバーグの巣）」は聖書にあるサムソンと蜂蜜を蓄えた獅子の逸話を引用し、南北戦争の戦地にうち捨てられた、連合国陸軍の軍鼓に作られたミツバチの巣に思いを馳せている。

……うす汚れ、破れた太鼓は
今や巣となり、花を求めて
野生のミツバチが出ては入る。

幽霊のような番人に見咎められることもなく、

彼らは広く、遠くさまよう。
弾丸が散らばる緑の山腹に沿って、
かつて戦で塞がれた谷を抜けて。
うなるような起床の軍鼓が
朝の祈りをさまたげることもなく、
夏の正午の深い平穏とともに
羽音がけだるげな空気を満たす。
サムソンの謎かけはわれわれの今日。
甘いものが強いものから、
団結、平和、自由が
悪の裂かれた顎から引きずり出された。
反逆者の死によりわれわれは純粋な生を手に入れた。
屠《ほふ》った獣から
苦い闘争のゆえにいっそう甘いものを
古代の英雄が手にしたように！[*47]

ミツバチは、芽吹いた草木のごとく弾丸が散らばる風景の中で蜂蜜を作る。軍鼓は、聖書の獅子のように打ち負かされた敵であり、「団結、平和、自由」の「純粋な生」が勝利の報酬だ。

ゲティスバーグの演説〔一八六三年にリンカーン大統領が行った「人民の、人民による、人民のための政治」という一節で知られる演説〕はこの詩の背景を想起させる。リンカーンがこの戦地でヒロイックな献身の誓いを立てたように、ホイッティアも恐ろしく悲惨な戦いで得られたこの上なく甘

ウシの死骸の中にミツバチを見つけたアリスタイオス。ウェルギリウス『農耕詩』より、ヴェンツェスラウス・ホラーによる挿絵。

マリア・メーリアンによる、南アメリカ産のハナバチと「タブルーバ」の木の葉につけられたその卵と思われる塊を描いた挿絵。マリア・シビラ・メーリアン『*Metamorphoses Insectorum Surinamenis*（スリナム産昆虫の変態）』（一七〇五年）

いものを、「古代の英雄」の壮大な直喩を用いて、同じく勇敢なイメージ——*ex bello pax*（戦争より平和が生ず）の捨てられた兜にすむ太鼓の中のミツバチのエンブレムをはっきりと思わせる太鼓の中のミツバチに変換している。しかし、ここで大きな出来事など何も起きなかったとばかりに無関心なミツバチが山腹を飛び回る甘苦入り交じった雰囲気は、リンカーンのゲティスバーグでの演説とは対立するものだ。世界は勇敢な男たちがここで為したことを忘れてしまう。国は興亡し、軍隊は死に絶える。しかしミツバチだけは——北のミツバチも、南のミツバチも、アンリ・コールの詩の中東のミツバチでさえも——花蜜を求めて飛び続け、自然は過去を乗り越える。自らの国家のために最後の全力を尽くすのは、人間よりもミツバチのほうだ。その国家は連合国や合衆国とは違って、地上から決して滅びることはない。

ミツバチはその堕落的な欠陥のために、他のほとんどの昆虫とともにノアの箱舟から排除されたという。下劣な、あるいは堕落したミツバチという境遇と、疑いようもない勤勉さ、そして蜂蜜をつくる有益性から、ミツバチについての興味深い矛盾が生まれた。この生き物が勤勉や利他主義を通じて美徳を勝ち得たのは、まさにその欠陥のためなのだ。これは人間にとっても有用なヒントになる。堕落した人間と同じく、ミツバチもまたその欠陥が導く結果に苦しまなければならなかった。そしてミツバチと同じように、人間は勤労の美徳によってその傷を癒すことができる。一八世紀後半のアメリカでは、人間が内にあるアダムの堕落から回復することが、ミツバチと強く結びつけられた。彼らが神のはからいによって繁栄できたことに、そして厳格な労働倫理に深い敬意を表すとされたからだ。そこから、俗語で「bee」（ミツバチ）といえば協力して有益な仕事を果たすために結成された社会的な集まり（quilting bee（キルト作りの会）、husking bee（トウモロコシの皮むき会）、barnraising bee（納屋の棟上げ会）、spelling bee（綴り字競技会）など）を指すようになり、現在に至る。

ミツバチの協力の原則（*non nobis*、われらのためにあらず）は政治的なものだったが、そもそもは効率と利益のため、全体にとって最大の利益をもたらすように構築されている。それでは、ミツバチは私たちのどのような役に立ってくれるのだろうか？

6

ミツバチの経済

それではまず、最初のルールを決めよう。一匹も殺してはいけない。

ウィリアム・コットン『*A Short and Simple Letter to Cottagers from a Conservative Bee-Keeper*（ある保守的な養蜂家から農夫たちへの短く簡潔な手紙）』（一八三八年）*1

ＢＢＣのラジオ番組「*Desert Island Discs*（デザート・アイランド・ディスク）」（「漂流者」として呼ばれたゲストが、無人島に持って行きたい八枚のレコード、一冊の本、一つの贅沢品を紹介する、一九四二年開始の番組）に招待されたサッグス――一九八〇年代に活躍したバンド「マッドネス」（狂気）の、その名に反してまったく正気のリードボーカル――は、無人島に漂流するとしたら持って行きたい贅沢品を一つだけ尋ねられると、蜂の巣と答えた。彼が言うには、蜂蜜は元気の源に、蜜蝋は蝋燭と肌の保護膜に、そしてローヤルゼリーは栄養補助食品になるからだ。さらに、ミツバチの生活を観察することで孤独の中にも安らぎと哲学的な喜びが得られることも付け加えた。[*2] ミツバチは現在でも、人間に物質的、道徳的な利益を与えてくれる点で称賛されているようだ。しかし本当のところ、こうした利益はどれほどのものなのだろうか？

蜂蜜の経済価値

近年、蜂蜜の経済価値を推定したところ、現在のアメリカ国内のがんによる死亡にかかる費用は、今のところ分かっている、あるいは期待されている蜂蜜の抗がん作用の開発により、著しく削減できる可能性が示された。薬として蜂蜜を使ったほうが、処方薬よりも安く抑えられるのは言うまでもないだろう。がん以外にも、処方薬で治療する病気の多くが蜂蜜で緩和できる。[*3] 蜂蜜の医薬効果は、伝統医学の観点からは疑問が持たれ、無意味な民間療法と考えられてきた。しかし現在では、蜂蜜が多くの病気に対する強力な特効薬だという決定的な証拠がある。ピタゴラス（紀元前六世紀）とデモクリトス（紀元前五世紀）が長寿だったのは蜂蜜を食べていたおかげだったが、その医学的な利益は遅くとも五〇〇〇年前には知られていた。シュメール人による紀元前三〇〇〇年の石版では、皮膚潰瘍《かいよう》に蜂蜜を使うよう勧めている。古代インドでは、蜂蜜入りバターがアーユルヴェーダにおける外科手術の際に局所外用薬として使われており、同じような用法が古代エジプトやギリシャでも知られていた。

現代の薬学においても、蜂蜜は居場所を失ってはいない。火傷やさまざまな傷に対して使われているのだ。一九一三年、バルカン戦争のただ中で医療品が不足したブルガリア軍は、傷口に蜂蜜を塗っていた。蜂蜜の粘り気のある流動性は、傷や火傷に塗るものとしてうってつけだった。蜂蜜は固まらないため、包帯を取り替えるときにも治りかけた傷が開くことがないからだ。ミツバチが蜜胃で花蜜に加える酵素の一つにグルコースオキシダーゼがある。これが花蜜中のグルコースと反応して作られたグルコン酸は、蜂蜜のpHを下げて酸性度を高め、細菌の繁殖を防ぐことで発酵が抑えられ、長期間の保存が可能になる。グルコン酸は副産物として殺菌作用のある過酸化水素を作る。そして少ない水分量、低いpH、過酸化水素（H_2O_2）の組み合わせによって、蜂蜜は効果的な防腐剤であるだけでなく、とくに炭疽《たんそ》、ジフテリア、敗血症、さまざまな尿路感染症、膿痂疹《のうかしん》、虫歯、産褥《さんじょく》熱、猩紅《しょうこう》熱、コレラを引き起こす細菌への特効薬にもなっている。[*4] ごく最近、蜂蜜は胃がんの原因となるヘリコバクター・ピロリ菌に対しても高い効果を見せている。蜂蜜には胃を刺激してペプチドの生産を促し、胃壁の血流をよくする働きがあるためだ。蜂蜜はイギリスの国民保健サービスにも使用を認可されているだけでなく、院内感染を引き起こし、ほとんどの抗生物質に耐性をもつ「スーパーバグ」としてますます拡大しつつあるメチシリン耐性黄色ブドウ球菌（ＭＲＳＡ）や、病院内で起こりやすく、やはり耐性を増しているブドウ球菌感染症に対しても効果があることが分かっている。さらに、蜂蜜中の過酸化水素は粘性のある溶液に溶け込んでいるためにゆっくりと放出され、水素を直接投与した場合よりも治療期間を通して高い効果を発揮する。[*5]

蜜房を満たす働きバチ。

花蜜は蜜胃から吐き戻された後、巣の中で蜂蜜への変化を続け、そこでミツバチが水分を蒸発させることで過飽和溶液になる。その高い浸透圧——水分を排出させる力は、細菌や菌類の細胞から水分を奪い脱水状態にしてしまう。この性質は貯蔵した蜂蜜の敵となるものを殺すように進化してきたものだが、同時に蜂蜜が傷や感染症を治療する過程でさらなる助けにもなっている。蜂蜜は眼の水晶体に浸透する力をもつフラボノイドにも富む。アリストテレスと古代マヤ人は、ともに蜂蜜に眼の炎症と白内障を緩和する効果があることを知っていた。移植用の角膜が蜂蜜に漬けられているのはこのためだ。蜂蜜は酸化防止剤や免疫系の増強剤（リンパ球のB細胞やT細胞の増殖を促進するのではないかと言われている）になるという意見も出ている。こうした意見はまだ証明されておらず、さらなる調査が必要だ。[*6] 蜂蜜は現在でも内用薬として、とくに咳止めや口内炎の薬としてきわめて広く使われている。この場合は蜂蜜の粘り気と滑らかさだけでなく、その薬理作用や抗菌剤としての働きが効果をあげているようだ。またミツバチが巣の補修に使う樹脂であるプロポリスにも抗菌作用があるらしく、虫歯に対して有効とされている。ところが、働きバチが女王バチとして育てる幼虫に食料として与える腺分泌物、ローヤルゼリーは、人間の健康食品として価値が高いとする意見は多いものの、明確な効果は分かっていない。

サミュエル・ハートリブは一六五〇年代に、イギリス国内の蜂蜜と蜜蝋による総利益額を三〇万ポンドと見積もった。当時の価値からするとひと財産だが、ジョン・オーブリー〔イギリスの作家〕は同世紀の少し後に、この数字を少なく感じたという。興味深い雑学の飽くなき収集家であった彼によれば、『*The Feminine Monarchie*（女の王国）』の著者であるチャールズ・バトラーは、娘に持参金として四〇〇ポンド分の蜂蜜を惜しみなく与えたという（「彼は娘を〝蜂蜜の娘《ハニー・ガール》〟と呼んでいた」）。また、オーブリーのいるウィルトシャー州周辺のミツバチは一日に半ポンド（約二三〇グラム）の蜂蜜を作ることや、彼が話を聞いたニューカッスルの養蜂家は八〇〇ポンドの年収（相当な額）があることも伝えている。いずれの話も、日用品としての蜂蜜に当時どれだけの価値があったかを示している。[*7] 一七世紀の養蜂産業を推進した多くの者の中で、オーブリーと同時期に活躍したジョン・レヴェットは、ミツバチの生産品を家庭で衛生のために、また薬としてや、けがの治療のために使うことを、養蜂家と熱心な生徒の対話という形で読者に勧めた。ハートリブの『*The Reformed Commonwealth of Bees*（ミツバチの国家の改革）』（一六五五年）は、さまざまな投稿者から彼のもとに届いたミツバチに関する質問や議論を転載しており、近代の『*Beekeepers' Journal*（養蜂家ジャーナル）』のはしりといえる。二〇世紀に入ると、バッキンガムシャー州の修道会が経営する女子校、ソーントン・カレッジが養蜂を「生活技能」として身につけることの妥当性を謳った。一九四三年の広告では試験や大学受験のための勉強より、数ある「手工業」の中でも養蜂を生徒たちに勧めている。[*8] 戦時の物資不足の中にあっては、とくに魅力的なたしなみだったのかもしれない。

「ミツバチ製品」の多様な利用

アリストテレス、ウァロ、コルメッラ以来の作家は養蜂の実用と利益の面に注目し、産業化時代に入ってもそれは続いた。ヴィクトリア朝時代の養蜂の「百科事典」では「ミツバチによる利益」の見出しに続いて長々と記載があり、最大限の利益を求めて養蜂を経営する際に警告となる逸話の数々や、採蜜の際にミツバチを殺さずに薬を使う、搾蜜で巣を壊さずに維持するといった近代的な正しい養蜂を紹介している。その項目では、およそ八万匹のミツバチを収容する平均的な巣箱に継箱を三段追加した場合、豊作の年で一五〇ポンド（六八キログラム）の蜂蜜の産出が見込まれると保証している。[*9] ジョン・ミルトンという人物が作った奇抜な巣箱がロンドン万国博覧会に出展されており、そのうちの一つは多世帯住宅を模したもので、アパートの住人のように四つの巣が個別に入っていた。これは都市の住人でさえミツバチの恩恵を求めていることを表すとともに、ミツバチの協調性と重労働を観客に気づかせるための仕組みだ。[*10]
蝋燭としての蜜蝋や、薬としての多岐にわたる蜂蜜の利用の他にも、ミツバチの生産品には驚くほど用途が多い。蜜蝋はきわめて融点が高く（六三℃）、燃焼点は非常に高温（一一四九℃）だ。その卓越した強度もあいまって、模型制作や鋳造に、また光沢剤、被膜剤、潤滑剤、電気変換器、調合薬、化粧品としても使われている。
ミツバチの「製品」にはかつての主要な飲料も含まれている。ワインは高価な輸入品で、飲み水は汚染されている可能性があったからだ。イギリスを含む北ヨーロッパの労働者階級や中流階級が作って飲んでいたのは、発酵させた蜂蜜から作る蜂蜜酒（ミード）（おそらく世界最古の人工飲料）、蜂蜜酒にスパイスを加えたメセグリン、ブドウ果汁と蜂蜜を混ぜて発酵させたピメント（エリザベス朝時代にとくに好まれた）、蜂蜜酒に果物を入れたメロメル、林檎酒に蜂蜜を加えたサイザー、蜂蜜と麦芽糖で作るブラゴット、ブドウと蜂蜜の酒にハーブを加えたヒポクラスなどだ。「蜜月《ハネムーン》」という言葉は、古代ゲルマン民族が結婚式で蜂蜜酒やエールを飲んだ風習に由来しており、かなり強い酒だったのかもしれない。ナポレオン戦争当時のイギリス陸軍に蜂蜜酒入りのエールが配られた時期があったが、アルコール度数六％という、兵士には強すぎるものだと分かっている。[*11]
人間の総食料の三分の一は昆虫が授粉した植物に由来しており、ミツバチの個体群の健全さは、さらに広い生態系の健全さの諸相を示す重要な指標となる。有機食品運動や環境運動、種々の自然保護活動のポスターに使われる働きバチの姿は、アメリカやヨーロッパではなじみのあるものだ。ソローはニューイングランドの各所のミツバチやその食料の存在をそれとなく日記に残しており、同じようにアメリカの開拓者たちも野生のミツバチの姿を、この秩序ある昆虫たちのおかげで豊かな自然が戻りつつあることの啓示ととらえていた。ウィリアム・カレン・ブライアント〔アメリカの詩人〕は、その代表的な詩「The Prairies（大草原）」で、広大なアメリカ中西部の風景を「生気にあふれた大いなる荒野」と表現している。

ミツバチ、
人よりも恐れを知らぬこの開拓者は、
人とともに東の海を越えてきた。
草原をざわめきで満たし、
蜜を黄金時代のごとく
樫《かし》の洞に隠す。私はしばし、
その人馴れした羽音を聞いて思う。
多くの群れの行く音が
やがてこの荒野に広がることを。*12

ブライアントの開拓者としてのミツバチは、この詩において両義的な立場をとっている。彼

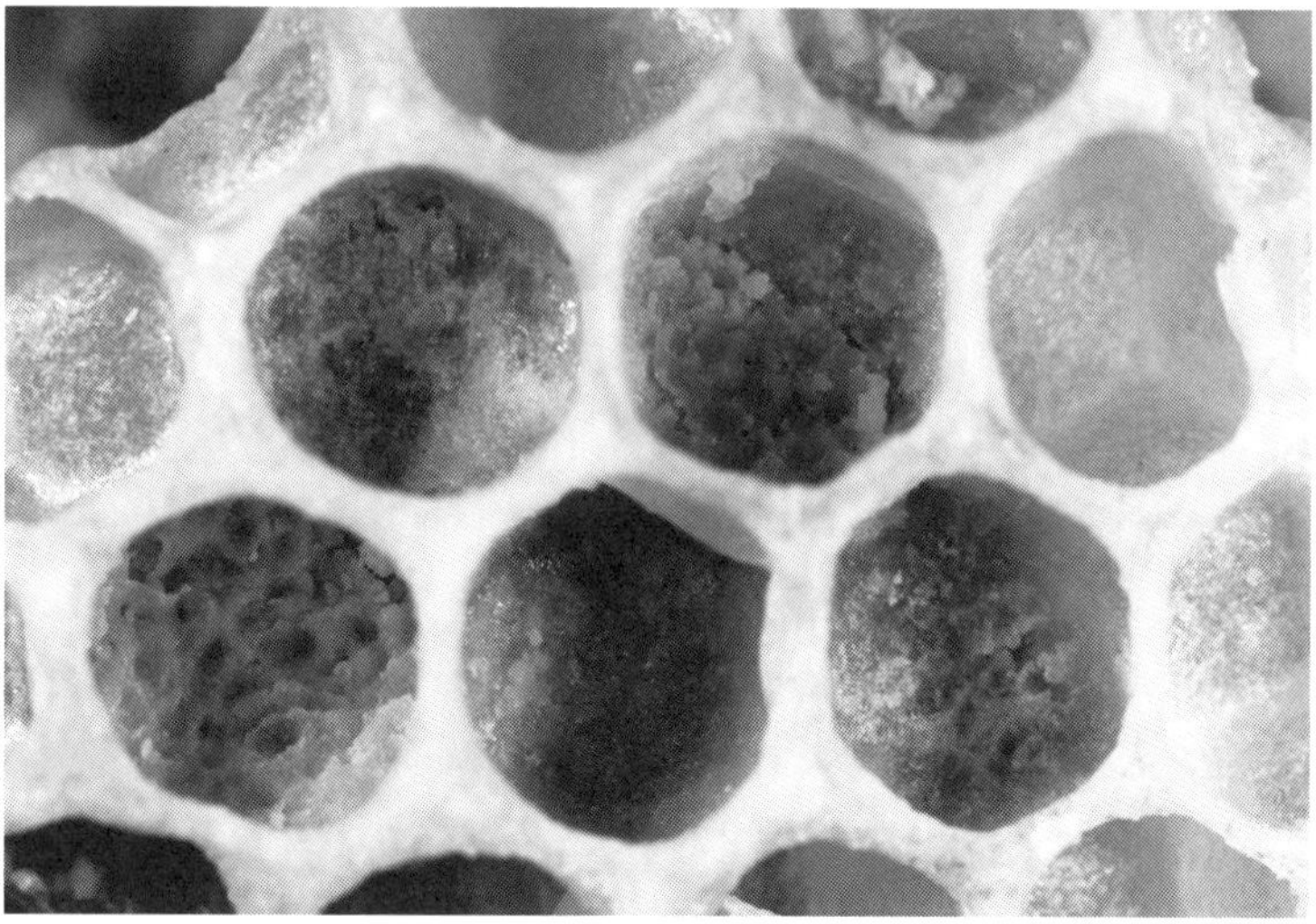

花粉房に蓄えられたさまざまな花粉。

らは勇敢にも国土の拡大を目指す、恐れを知らぬ先導者として人々を導き、そこから「明白な運命《マニフェスト・デスティニー》」〔開拓時代のアメリカで、西方への領土拡張を正当化するために使われたスローガン〕の象徴にもなっている。一方で彼らの到来はブライアントにとって、「大いなる荒野」や、別の詩で並々ならぬ感情と共感をもって称賛している、古くからの原住民の文化が失われることの予兆でもあった。これまでもさまざまな意味をもっていたミツバチだが、帝国が運命のもとに西に拡大していく、その代償に対するアメリカ人の潜在的な不安も表しているのだ。不運にも、先進国で起こったミツバチの野生個体群の衰退が世界中に広まっている。活気を失ったミツバチの姿は、地球上の肥沃さが失われる、あるいは大きく損なわれる大災害の可能性を暗示している。

7

アートにおけるミツバチ

芸術の技ながら、人の手によるものではない。

これを成せるのは、この小さな生き物たち。

ジェフリー・ホイットニー『*A Choice of Emblems*（エンブレム集）』（一五八六年）[*1]

「六角形の巣部屋という傑作は、いかなる点から見ても絶対的な完璧さに達していて……いかなる生き物も、人間でさえも、自分の行動圏の中心に蜜蜂が実現したようなものを創り出しはしなかった。だからもし、この地上のものではない知性体が、生活の論理をもっとも完全に具現している物体を地上に探し求めにやって来るなら、この何でもない巣板を見せてやるのがよいだろう[*2]」（モーリス・メーテルリンク『蜜蜂の生活』）。思想史においては、美しい実用品とは、とりわけ美徳や驚嘆の念を感じさせるものだという認識が常にあった。つまり、単に実用的で心地よい設計であるだけではなく、美的側面と実用面が分かちがたく道義的に結びついているということだ。ギリシャ神話に登場する、クレタ島のラビュリントスを設計した発明家で名工であるダイダロスは、鋸《のこぎり》や斧など多くの実用品を発明しているが、実用的な美を感じさせる驚くべき不思議な品々も残したという。もっとも有名な作品の一つが、エリュクス山にあるアプロディーテー〔ギリシャ神話の愛と美の女神で、ローマ神話のウェヌスと同一視される〕の神殿に奉納された黄金の蜂の巣だ。六角形の巣房をもつ蜂の巣は必然的な美であり、「その中ではすべての多忙な職場と／すべての見事な仕事が結びつき喜びを生む」[*3]、この上なく好ましい構造である。それが完璧な機能性を実現するもっとも優美な答えだからだ。こうした構造は従来、最高にしてもっとも道徳的な創作活動の形と考えられており、天国の建造物を象徴的に表している[*4]。アンドルー・マーヴェル〔イギリスの詩人〕が、ある家がその高貴な持ち主の感性にふさわしいことをカメの甲羅がカメに合っていることにたとえて称賛したように、蜂の巣とその蝋の巣房はミツバチの立派な仕事にふさわしいのだ。トーマス・ブラウン〔イギリスの作家〕は「六角形の巣房」を「自然が幾何学を扱う」ことの神による啓示として研究した。「ミツバチの大宮殿と君主制の精神」は驚きに満ちていると彼は言う。六角形の巣房については、「各々が密接せず、空間を完全に埋め尽せない円形ではなく、むしろ六辺をもつ形をとることで、各房がそれぞれ六つの房と辺を共有でき、ミツバチにとってもちょうどよい隠れ場所になっているのだ」[*5]。フランスの啓蒙主義の博物学者、ルネ・レオミュールがメートル法制定の際、不変の基準になる

チに対してミツバチの建築の改善をあれこれと勧める「口達者な愚か者」を茶化している。
いたことの延長に過ぎない。[*6] クリストファー・スマート〔イギリスの詩人〕は、大胆にも女王バ
ものとして六角形の巣房を提案したのは、ミツバチの建築をどこか完全で神聖なものと感じて

女王様、あなたは建築に通じておられない。
その建て方には賛成しかねます。
これでは設計もなにもあったものではない。
どうかガンター〔イギリスの数学者〕の線の使い方をお学びください。[*7]

二〇世紀の小説家で、彫刻家でもあったマイケル・エアトンは、ダイダロスの彫像を使って、ジェイムズ・ジョイスがしたように探究と冒険を求める芸術家の感性を表現している。伝説上の祖先にならって、エアトンは黄金のミツバチがとまった黄金の蜂の巣をロストワックス法〔蝋で作った原型を石膏などで覆った後、熱を加えて蝋を溶かし出し、できた空洞に溶けた金属を流し込む鋳造法〕で制作した。この豪華な作品はミツバチに触発されたもので、ミツバチの生産物である蝋を必要とする技法で作られている。

ミツバチが巣を作る方法については多くの意見が出され、高名な博物学者であったルイ・アガシーによる誤った推論もいくつか含まれている。エイモス・ルートは一八九一年にミツバチの巣の実用性と数学について議論したとき、その場にいた全員を叱責したという。六角形の巣

彫刻家マイケル・エアトンが一九六八年に制作した二つの黄金の蜂の巣。下はニュージーランドにあるエドモンド・ヒラリー卿宅の庭に一時飾られていたもので、ミツバチが実際にこの巣を使っていた。

房は、その強度と貯蔵庫（幼虫と蜂蜜の）としての効率から、人間工学と広く工学上の多数の問題への解決策としていまだにこれを超えるものが現れていない。ルートいわく、「ミツバチの巣房の構造は、自然界の経済におけるよく知られた問題となった。知識を求めるものはみな、金を得てミツバチの巣を買え。その知識を間接的に受け取るのではなく、神の業《わざ》から直接手に入れるのだ[*8]」。ヘンリー・エリソン〔イギリスの詩人〕は自分のソネット（一四行詩）の構成をミツバチの巣と比較して言った。「詩的六角形をしたこの巣は、すべてが等しく規則正しい巣房からできている。そして現実のミツバチの巣と同じように、強さと利便性において最高の形だ[*9]」。エリソンはこれ以外にも、ミツバチによる採集を知識の収集、経験の蓄積、詩の創作になぞらえた三題詩を残している。

ミツバチの生産物、習性、そしてその体は、建築、美術、音楽のあちこちで見受けられるが、カール・マルクスが言ったように、ミツバチと芸術家のあいだの隔たりは創作の本質に関わるものだ。

その複雑な蜜蝋の巣房のせいでミツバチに面目をつぶされる建築家は少なからずいる。しかし、最低の建築家ともっとも熟達したミツバチでは、最初から違う点がある。それは、ミツバチは巣の中に巣房を作る前に、すでに頭の中にできあがっているということだ。[*10]

「ミツバチデザイン」建築の極北

もっとも徹底してミツバチからヒントを得ている建築の例がスペイン・カタルーニャ州出身のアントニ・ガウディによるもので、ミツバチとその巣の特徴、そして養蜂の習慣を構造と装飾のモチーフに組み込んでいる。故郷カタルーニャの素朴なスケップの形と、野生のミツバチが自然に作る巣の吊り下げ構造は、彼がとくに称賛した放物線アーチを強調している。この構造は彼の主要な作品に繰り返し取り入れられた。[*11] ミツバチの秩序ある生活もまた、ガウディのインスピレーションの源になっている。マタロ〔バルセロナ県にある町〕のクーペラティバ・ウブレラ（労働者協同組合）の設計（一八七六年ごろ）には、ミツバチの巣の理想郷としての認識と、団結して労働をする社会主義原理を取り込んでいる。ガウディがクーペラティバのシンボルとして意図したミツバチは、スイスの都市ラ・ショー＝ド＝フォンにも採用されている。ここは「ミツバチの共和国」として知られる世界最大級の時計製造業の協同組合があったところで、その工場の内装はミツバチに関連するモチーフで飾られていた。この時計製造と共和主義の古い伝統があるスイスの都市は市章にミツバチの巣箱をあしらっており、ミツバチから着想を得たもう一人の建築の巨匠の生地でもある。その名はシャルル＝エドゥアール・ジャンヌレ、通称ル・コルビュジエだ。同時期の前衛派の多くの芸術家と同じく、彼も昆虫学者ジャン＝アンリ・ファーブルの著作や、秩序が自然の現象であることを示してくれる社会性昆虫の習性と生産物に強く惹かれた。ル・コルビュジエの生物的な形をほとんど感じさせない

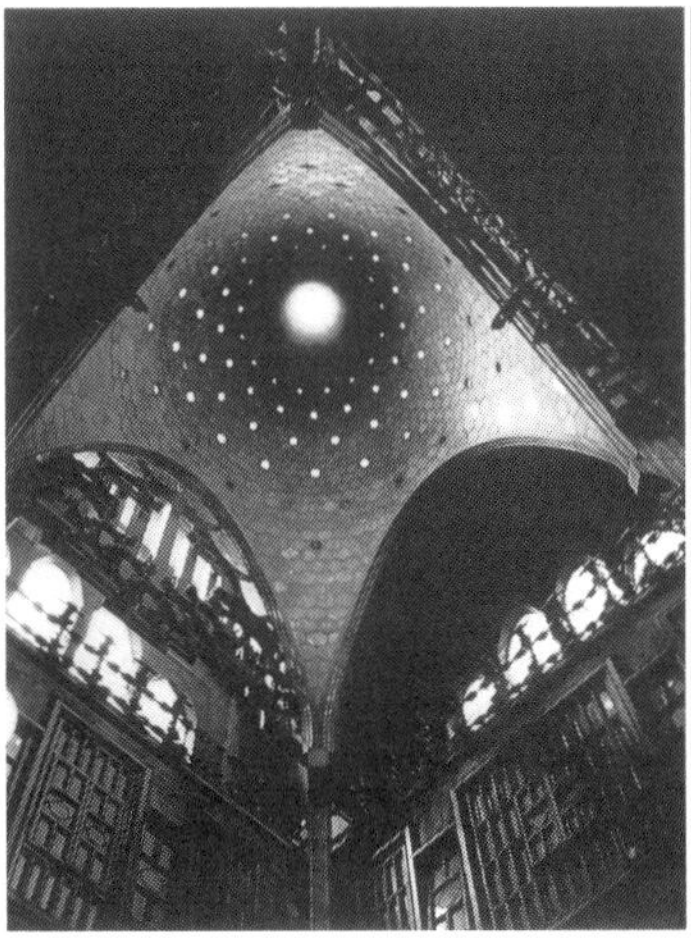

右・ガウディによる、バルセロナのカサ・バトリョの放物線アーチ。懸垂巣の自然な曲線の上下を逆さにした形に近い。
左・ガウディがミツバチの巣からヒントを得て制作した、バルセロナにあるグエル邸の丸屋根。

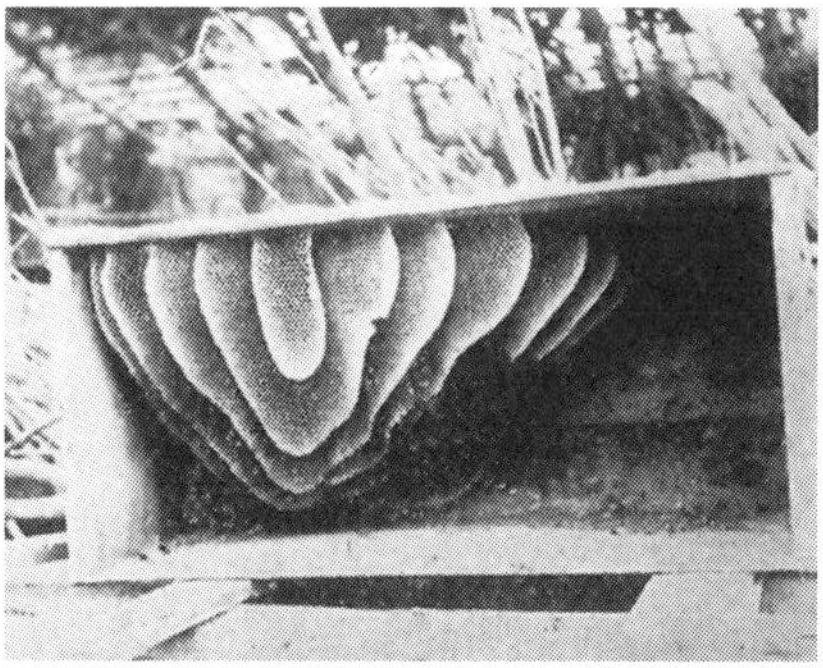

右・野生のミツバチの懸垂巣。L・L・ラングストロス『*The Hive and the Honey-Bee*（蜂の巣とミツバチ）』（一八五三年）より。
左・スイス、ラ・ショー＝ド＝フォンの市章。

右・巣にぶら下がって放物線を形作るミツバチ。ジル＝オーギュスタン・ド・バザン『*Histoire Naturelle des Abeilles*（ミツバチの自然史）』（一七四四年）より。
左・スペイン・グラナダにあるアルハンブラ宮殿のドーム。

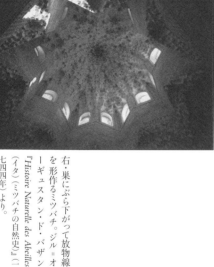

建築も、実はミツバチの巣を参考にしているのだ。[*12] ペーター・ベーレンス〔ドイツの建築家・デザイナー〕によるベルリンの電機メーカーAEGのロゴは、ミツバチの工業との親和性を強調している。

芸術作品におけるミツバチ

一四世紀に建てられたグラナダにあるアルハンブラ宮殿の六角形の様式や、バルセロナにあるガウディによる大聖堂の蜂の巣形は、巧妙に作られた蜂の巣がもつ不変の魅力を示している。近代美術においてもっとも費用と労力をかけてミツバチの技を拡張した例が、ヨーゼフ・ボイス〔ドイツの芸術家〕の作品だろう。一九四〇年代後期から五〇年代初期にかけて、ボイスは女王バチの蜜蝋で多くの彫刻を制作している。ルドルフ・シュタイナー〔オーストリアの哲学者〕に強く影響されたボイスは、精神的な作品と物質的な作品との結びつきを表現しようと考えた。女王バチのシリーズは「協力と友愛」の原理を示す初の試みだったが、[*13] ミツバチの生産物である蜂蜜と蜜蝋は彼にとってさらに重要なものになっていく。一九六五年のパフォーマンス作品『死んだウサギに絵を説明する方法』では自らに蜂蜜と金箔を塗りたくり、七七年のインスタレーション『作業場の蜂蜜ポンプ』は、ドイツ・カッセルにあるフリデリツィアヌム美術館の講堂の周りに設置した透明なチューブの中に、大規模な油圧装置を使って二トンの蜂蜜を流すというものだった。ボイスはこの『蜂蜜ポンプ』で、蜂蜜を巣の中にある社会組織の血流に見

ＡＥＧの蜂の巣型のロゴ。

エドワード・デトモルドによる夢想的なミツバチの挿絵。メーテルリンク『蜜蜂の生活』一九二四年版より。

立てた一つの有機体を作り上げたのだ。

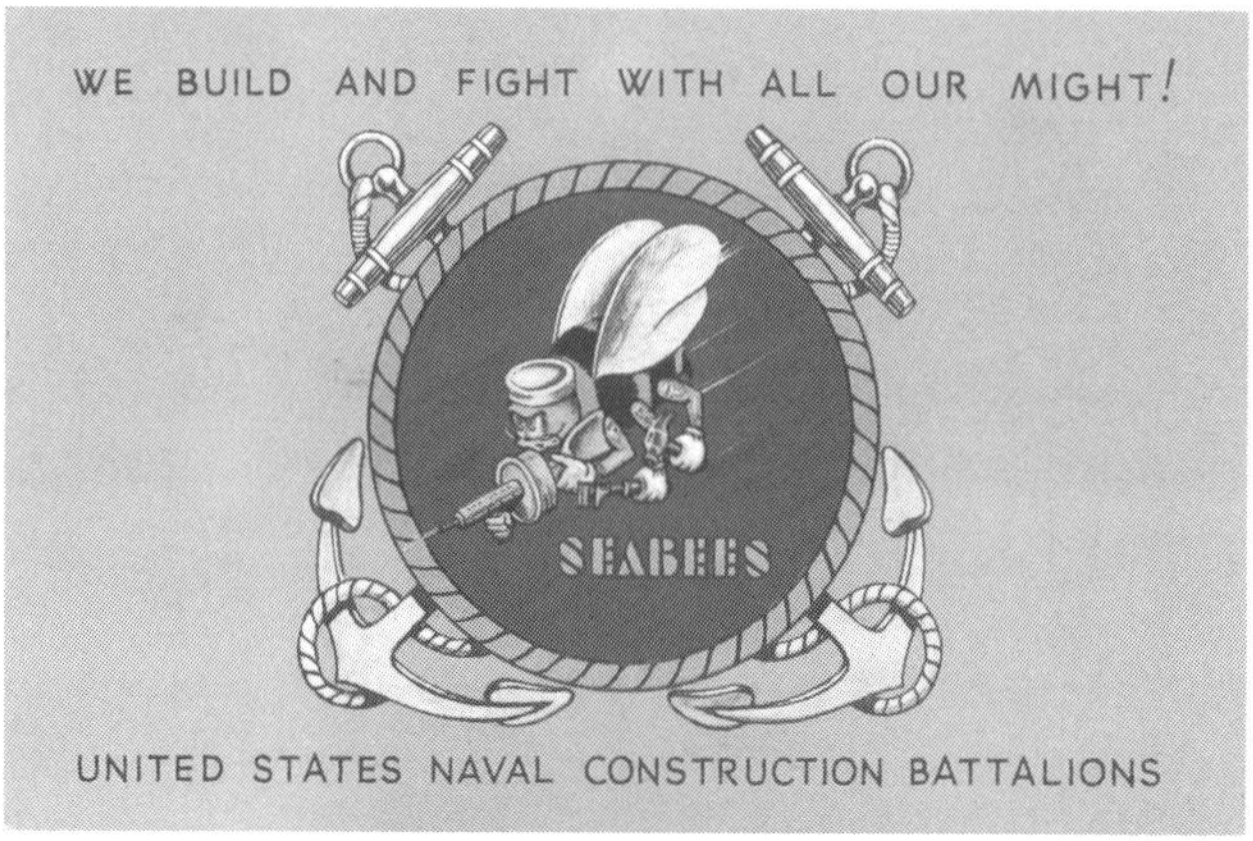
WE BUILD AND FIGHT WITH ALL OUR MIGHT!
SEABEES
UNITED STATES NAVAL CONSTRUCTION BATTALIONS

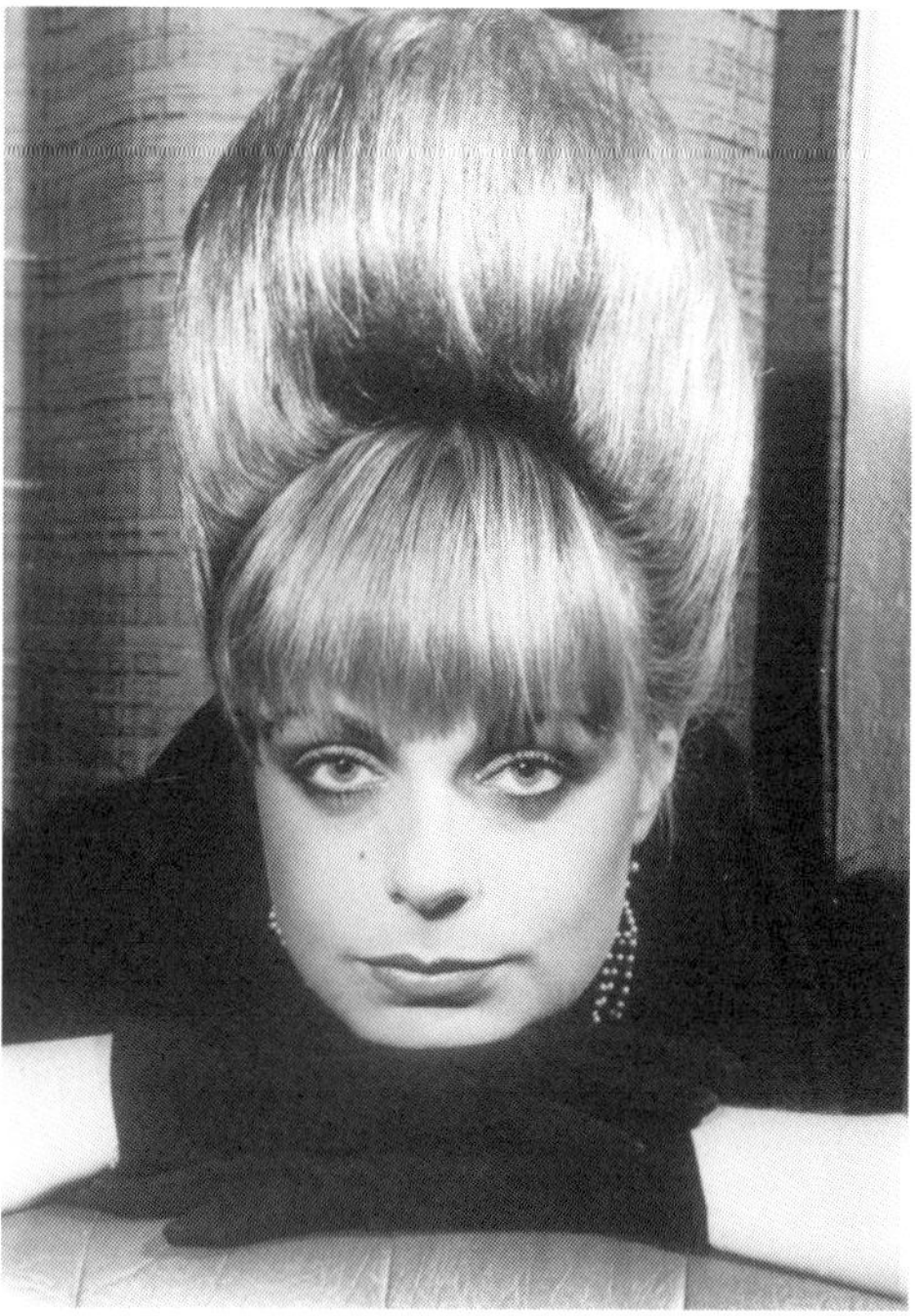

上・アメリカ海軍の設営隊、シービーのエンブレム。第二次世界大戦期のポストカードより。
下・レトロファッションとしてのビーハイブ・ヘア。歌手のマリ・ウィルソンの一九八二年の写真。

ヴィクトリア朝後期の工業化時代から戦前・戦間のモダニズム期にかけて、建築によるミツバチへの返答は合理的・有機的に進歩したが、それでもミツバチを感情的に崇拝する者は跡を絶たなかった。メーテルリンクの著作の挿絵画家エドワード・デトモルドは、ミツバチや花のある透き通った夢想的な風景に固執し、シシリー・メアリー・バーカー〔イギリスの挿絵画家〕がエドワード七世時代に描いた「花の妖精」シリーズでは、花蜜を巡ってキンギョソウの妖精と争う、太って毛の生えた「せわしない老いたマルハナバチ」が登場する。ビアトリクス・ポターの描く「バビティー・バンブル」とその友人のハチたちは、ティトルマウス夫人が几帳面に整えた家の中をめちゃくちゃにしてしまった。のちにミツバチの記号は、一九六〇年代の「蜂の巣《ビーハイブ》ヘア」のような、軽薄で奇抜なだけのものになっていく。蜂の巣型の蜂蜜入れなどは、大衆受けを狙ったものとしてはもっともありふれた例だろう。

有名な「ミツバチダンス」の発見

一九五三年、ドイツのある動物行動学者が、ミツバチはダンスをすると提唱した。花蜜や花粉を持ったミツバチが巣に戻るときの特徴的な直線飛行経路、「ビー・ライン」は古くから観察されていたものの、巣から遠く離れていることが多い食料源までの行き帰りの道案内として いる手段については完全には理解されていなかった。この道案内の基準となるものは、一つはミツバチの複眼で目視できる物理的な目印、もう一つは地磁気と太陽の位置に対する方向感覚だ。実際に鍵となっているのはおそらく太陽だろう。星の光は弱すぎてほぼ確実にミツバチには感知できず、暖かい気候でも夜には巣にこもっているのもこのためだ。とはいえ、一九五三年以前にもミツバチが位置を把握できる秘密は少しずつ解き明かされていた。

カール・フォン・フリッシュが発見したのは、さらに不可解な問題への答えだった。ミツバチはどうやって情報を伝え合っているのか？　新しい食料源を見つけたミツバチには、実際に仲間を連れてこなくても、そのことを伝えたり、場所を説明したりする方法がいくつかある。分封群が新しい住みかを探しているときにも、同じ合図によって偵察バチが探索から戻り、見つけた場所についてそれ以上の案内をしなくても、群れがそこへたどり着けるほどの正確な情報を伝えることができる。フォン・フリッシュは新しく食料を見つけて巣に戻るミツバチを使って一連の対照実験を行った。彼はそのミツバチたちが巣の上で二種類のダンス――「円形ダンス」と「尻振りダンス」のどちらかをするのを観察し、巣でのこうしたダンスがコミュニケーションの方法であることに気づいた。

カール・フォン・フリッシュによる円形ダンスの説明。

フォン・フリッシュによる尻振りダンス。

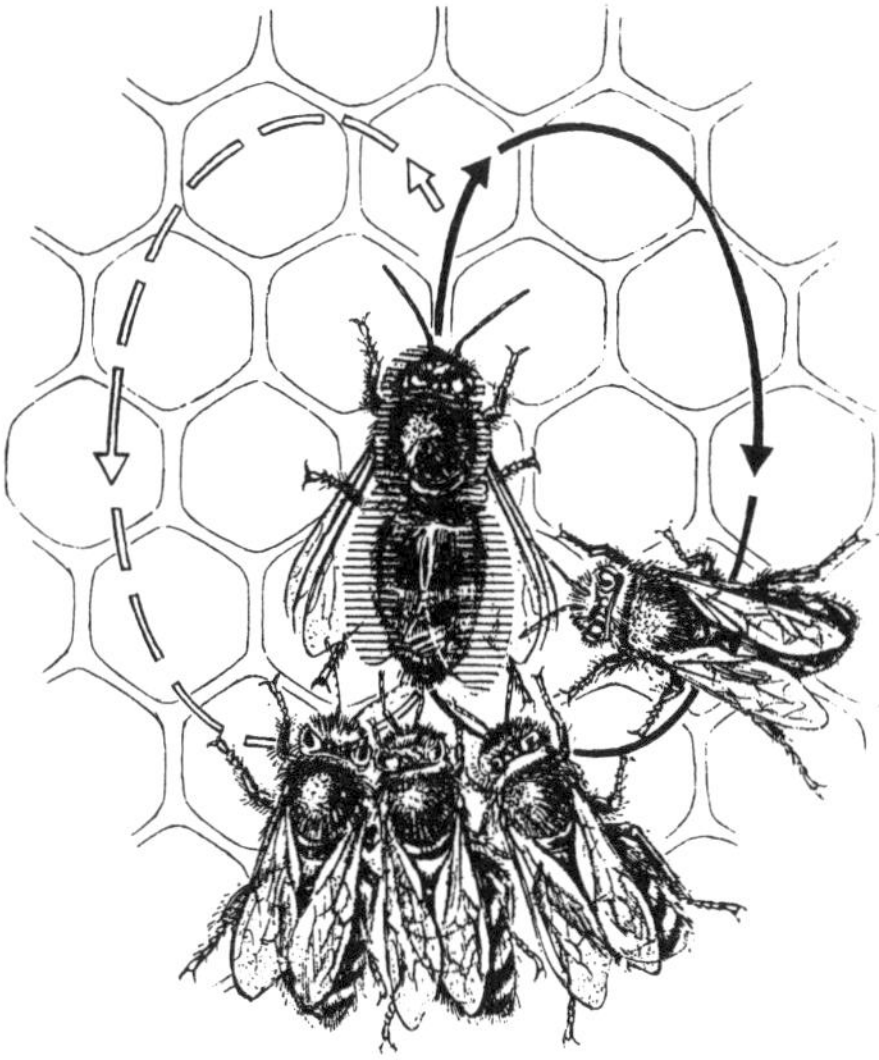

円形ダンスは巣の近くにある食料の位置を知らせるのに使われる。ダンスをするミツバチの体に染みついた花の匂いは、他のミツバチが探すべき花の種類を知る手がかりにしている可能性があり、ダンスそのものの勢いはおそらく花蜜の甘さと関係しているという説がある。円形ダンスと尻振りダンスはどちらも腹部の先端を持ち上げて行われるという特徴があり、そこにあるナサノフ腺からフェロモンが出ている。尻振りダンスはさらに複雑だ。巣から最大三〜五キロメートルまでの食料の情報を伝えるため、匂いの手がかりなしで他のハチに行くべき場所を知らせなければならないからだ。このダンスは、動きの速さの違いによって距離を、ダンスのパターンによっておそらく方角を、重力と太陽の位置のどちらかも参考にして伝える。食料を捜索、あるいは輸送中のミツバチは可能であれば直線の「ビー・ライン」で、一定の高度を保って飛ぼうとするため、尻振りダンスによって方角が伝えられたにもかかわらず、丘や建物といった障害物を迂回《うかい》したり乗り越えたりすることは説明がつかないように思える。フォン・フリッシュは、ミツバ

チの言語に「上」という言葉はないのだと結論づけた。ダンスはビー・ラインから外れたあらゆる動きを排除した情報を伝えるため、言ってみればミツバチには食料を取りに行く場所の座標だけが知らされ、その経路自体の詳細は分からないのだ。[*14] フォン・フリッシュはミツバチの研究により一九七三年にノーベル賞を受賞し、その後の調査で各ダンスの描写と説明を緻密なものにしていった。

ミツバチの歌と音楽

科学的に立証されたミツバチのダンスは、多くのミツバチの伝承と、日の当たる庭をふざけて飛び回る脳天気な小さな虫としてたびたび（とくに一九世紀に）描かれる、美化されたミツバチのイメージにも合うものだった。「ミツバチのダンス」が愛すべき誤称かどうかはさておき、ミツバチは実際に歌うらしい。採集中の働きバチが不規則な飛行で出す音の高さの違い――ワーズワースの記憶の中で「来る時代、去った時代」にともなう「か細い音」、「かすかな声」、ウィリアム・カレン・ブライアントがざわめく風と想像した夏の日々の音、そしてラルフ・エマソン〔アメリカの哲学者・詩人〕が「柔らかいそよ風のような低音」と表現したものを、[*15] リムスキー＝コルサコフ〔ロシアの作曲家〕は自在にハチに変身できる王子を扱った名曲「熊蜂の飛行」で再現しており、その音だけでなく楽譜も花々から採集するハチの飛行を表しているように見える。

一九世紀にはとくにミツバチの音楽がもてはやされ、一八一一年以降に少なくとも四つのミツバチに関する男性合唱曲が作曲されている。[16] たくましく活動的なウォルト・ホイットマン〔アメリカの詩人〕でさえ、「深く柔らかい羽音を絶え間なく奏でる」ハチの歌にしばし聞き入ったのは驚くようなことではない。彼は「この中に、作曲の背景となるような手がかりがないだろうか。いわば熊蜂の交響曲だ」[17]と自問している。近年、これに答えるかのように、リムスキー＝コルサコフの曲が録音したハチの羽音による交響曲として編曲された。一六〇九年に音楽学者のチャールズ・バトラーはミツバチの歌を取り上げ、下図のように表現している。

バトラーもミツバチにまつわるマドリガル〔多声世俗楽曲〕を作曲している（「すべての国家の中で君主国が最良であるように、すべての女性の君主国の中で、名高いアマゾン族の国家が他に勝る」[18]）。このマドリガルの各声部の楽譜は、当時の一般的な慣習に従い、四人の歌手がテーブルを囲んで席に着いたまま同じ譜面を読めるようページの四辺に配置されており、意図せずしてミツバチの国家の協調性を表すささやかな音楽的象徴となっている。ミツバチは一秒間に二〇〇回以上も羽ばたき、激しい羽音を発生させる。そしてかつては、このミツバチの「声」が聖歌として、巣箱全体がクリスマスの朝にはキリストの誕生を祝うかのように、あるいは飼い主の死を悼んでいるかのように考えられた。養蜂家であり、BBCの音響技師にしてアピディクターの発明者、エドワード・

リムスキー＝コルサコフによる一九〇〇年の「熊蜂の飛行」から、ハチのジグザグ飛行。

ファリントン・ウッズは、働きバチと雄バチの羽音は周波数が異なり、それぞれ二五〇ヘルツ（真ん中のドより低いシの音）と一九〇ヘルツ（真ん中のドより低いソbの音）であることを突き止めた。*19

ミツバチの社会組織の古くからの伝承は、さらにもう一人の作曲家に主題を提供している。ジョン・ダウランド〔イギリスの作曲家〕はリムスキー＝コルサコフとは違ってミツバチの羽音自体を表現しようとは考えなかった。彼のマドリガル「It was a time when silly bees could speak（愚かな蜜蜂が言葉を話せたとき）」の歌詞はエセックス伯〔第二代、ロバート・デヴァルー〕の作と伝えられており、その中に自らを登場させている。懸命に働いたにもかかわらず、作るのを手伝ったタイムの蜂蜜を、自分を差し置いて雄バチ、スズメバチ、イモムシ、ハエ、チョウがむさぼっていることを嘆くミツバチとしてだ。

悲嘆に暮れてわたしはひざまずき、
ハチの王にこう訴えた。
「願わくはわが君の時《タイム》が永遠ならんことを！
しかしどうかわたしの麝香草《タイム》への不平をお聞き届け下さい、

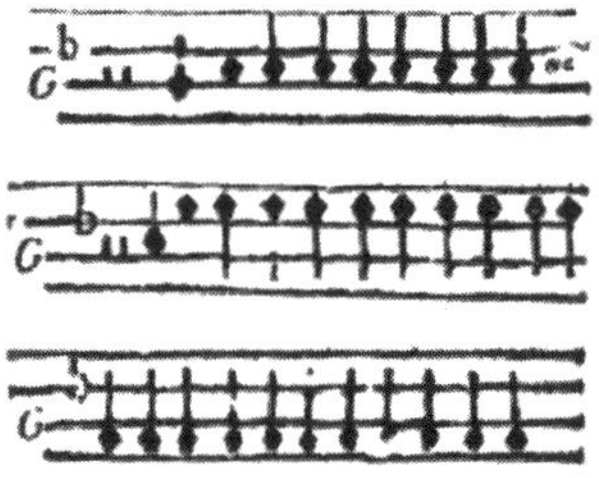

ミツバチの声。チャールズ・バトラー『*The Feminine Monarchie*（女の王国）』（一六〇九年）より。上から：新女王バチ、警戒する新女王バチ、旧女王バチ。

なにも生まないハエがこれを友として、
わたしが落胆しているとき、小虫たちが登ってきました」

しかし王は答えていわく、「静まれ、怒れるミツバチよ、
おまえが時《タイム》に仕えるべきであって、麝香草《タイム》がおまえに仕えるのではない」*[20]

エセックス伯の描くハチの王の姿は皮肉っぽく取り違えられている。彼が不満を訴えた君主というのは、言うまでもなくエリザベス一世のことだ。一六〇一年、エセックス伯は反乱に失敗し、大逆罪で裁判にかけられている。彼の好ましからざる時への言葉遊びは、まったくの本心だったのだろう。

8

伝承の中のミツバチ

ミツバチの信じがたい起源の伝承……
私はそれが信仰心を試すものではなく、詩的許容から生まれたものだと考えたい。
コルメッラ『農業論』[*1]

ミツバチに関する決まり文句はあまりにも多く、私たちが自身について考えるときにもついて回る。シェイクスピアの作品がこうしたミツバチの奇抜な比喩のよい例で、ほぼ決まって正義、美徳、政治、復讐が入り交じった観念を表しているように思える。シェイクスピアがミツバチを引き合いに出しているのは、ほとんどが史劇や政治悲劇、何らかの社会秩序を主なテーマとする戯曲の中だ。たとえば暴徒は、『ヘンリー六世』第二部（第三幕　第二場）では「誰かれの見境いなく」刺す、怒り狂った無秩序なミツバチの群れになぞらえられ（『ヘンリー六世』シェイクスピア著、松岡和子訳、ちくま文庫、二〇〇九年）、『タイタス・アンドロニカス』では指導者に駆り立てられて復讐も厭わない群衆として書かれている（第五幕　第一場）。卑しい男たちは、「鷲の血は吸わず、蜂の巣の蜜を盗む」怠惰で臆病な雄バチにたとえられている（『ヘンリー六世』第二部、第四幕　第一場）。これはワシの餌にされる雄バチが報復としてワシの巣に向かい、卵を押し出したり、その中身を吸い尽くしたりするという古い迷信に由来している。*2 ミツバチの本来の気高さは、シェイクスピアによってささやかな復讐の習慣やミツバチ同士の争いへと曲解された。

『ヘンリー六世』第一部でトールボット卿がジャンヌ・ダルクとの戦いで抱いた得体の知れない複雑な心象は、あてもないミツバチの群れを連想させるものだった。

魔女が我が軍を敗走させ、思いのままに勝ちを収めている、
だが武力によるのではなく恐怖心をあおってのこと、こけおどしのハンニバルと同じだ。
ミツバチが煙に巻かれ、鳩が悪臭に参って
巣から追い出されるようなものだ。

（『ヘンリー六世』第一幕　第五場）

ジャンヌ・ダルクの戦《いくさ》におけるシンボルは巣箱であり、中世スコットランドの伝説では魔女はときにミツバチの姿をとるといわれた。トールボットのミツバチのイメージは、肯定的に見れば、勇敢ながらも圧倒された彼の軍隊を同情を込めて表しているが、否定的に見れば、邪悪なものに取り憑かれ、乙女《ラ・ピュセル》の魔術の罠に落ちた生き物の姿ともとらえることができる。困ったことに、この二つのイメージはどちらともとれるようになっている。散りぢりになり、苦境に立たされたイギリスのミツバチは、勝ち誇った「女王」バチという敵によって打ち負かされる。

シェイクスピアによる二番目の史劇群〔『リチャード二世』『ヘンリー四世　第一部』『ヘンリー四世　第二部』『ヘンリー五世』からなる史劇四部作〕では、そのもっとも重要なテーマである自治の概念を、ミツバチの例を通して展開させている。ウォリック伯がヘンリー四世に対し、見るからに放蕩息子であるハル王子がやがては道を改め、「過去のご乱行が大きな強みに」なると断言したところ、父王は諦めてがっかりした様子で「腐った肉に巣を作った蜂がそこを離れることは滅多にない」と答えた（『ヘンリー四世』シェイクスピア著、松岡和子訳、ちくま文庫、二〇一三年）（第二部、第四幕　第四場）。雄牛から生まれたミツバチや、サムソンが倒した蜂蜜を蓄えた獅子のように、死骸にすみついて蜂蜜を作ったミツバチはまずその巣を捨てることはないとされていた。この類推から、堕落した社会の中に見いだした享楽をハル王子が手放すことはないと考えたのだ。ミツバチの比喩はさらに展開されていく。すでに書いたように、ヘンリー五世（改心して王となったハル王子）はミツバチを秩序の象徴として自らの治世を表現したが、その父王が内戦と反乱に悩まされ、自棄になって述べた息子の人物像は、家族、内輪もめ、無秩序と結びついている。息子との関係と社会階級は、彼にとっては堕落したミツバチの巣箱のように映ったのだ。ヘンリー四世は父親による息子の細心な養育について語っている。

こうなるためなのだ、父親が手段を選ばず必死で、時には
外国にまで手を伸ばし、けがれた黄金の山を築くのは。
こうなるためなのだ、息子たちに文武両道の技芸を
身につけさせようと心を砕くのは。
働き蜂と同じだな、花から花へ飛び回り、
徴税吏のように蜜や花粉をかき集め、
脚には蜜蠟をつけ、口には蜜を含んで
巣に戻る。そして蜂と同じように、骨折り賃として
殺されるのだ。こうして積み上げてきたものが
瀕死の父親にこの苦汁をなめさせる。

(『ヘンリー四世』第二部、第四幕　第五場)

ミツバチの美徳は翻って強欲、嫉妬、苦痛とされている。「黄金」は「けがれた」蜂蜜として表され、その美徳の甘さは結局のところ「苦汁」から生まれたものである。ミツバチが子を

しつけ、蜜蝋や蜂蜜作りの中で無私性を育むときに見せるという配慮は、ここではそうした品々を気ままに着服する恩知らずの息子たちに一蹴されている。シェイクスピアは雄バチの怠惰さと、「これほど甘い蜜を吸っておきながら、それを作ったミツバチを殺す有害なスズメバチ」の悪意を混同していたようだ（『ヴェローナの二紳士』第一幕　第二部）。

ギリシャ時代からの伝承

数多くの迷信が、ミツバチの秩序ある生活を人間の社会的・精神的な活動に結びつけている。たとえば、ミツバチは養育者として知られている。ギリシャ神話の牧神パーンと酒神ディオニューソスはミツバチに育てられ、ゼウスも母レアーによって残忍な父クロノスから匿われ、デイクテー山〔同じくクレタ島にあるイーデー山とする説もある〕の洞窟に隠れていたときにミツバチが世話をしたという。このことからゼウスはときにメリッサイオス、「ミツバチの人」と呼ばれることがある。ゼウスはのちに人間に攻撃するための針をミツバチに与えたが、同時にその針を使ったミツバチには必ず死ぬ定めを負わせ、*non nobis*（われらのためにあらず）の自然の法則を守らせた。神話のいくつかの異説では、ゼウスを護ったミツバチは実際は女性――クレタ王メリッセウスの娘たち、メリッサイであったとされている。キュベレー〔レアーと同一視される大地の女神〕、アルテミス〔狩猟の女神〕、デーメーテールの神殿の女神官たちもメリッサイと呼ばれ、エフェソス〔小アジアに栄えた古代都市〕のアルテミス像は多くの乳房をもったミツバチの

エトルリアの壺に描かれた、ミツバチに刺される蜂蜜採りのクレタ人。

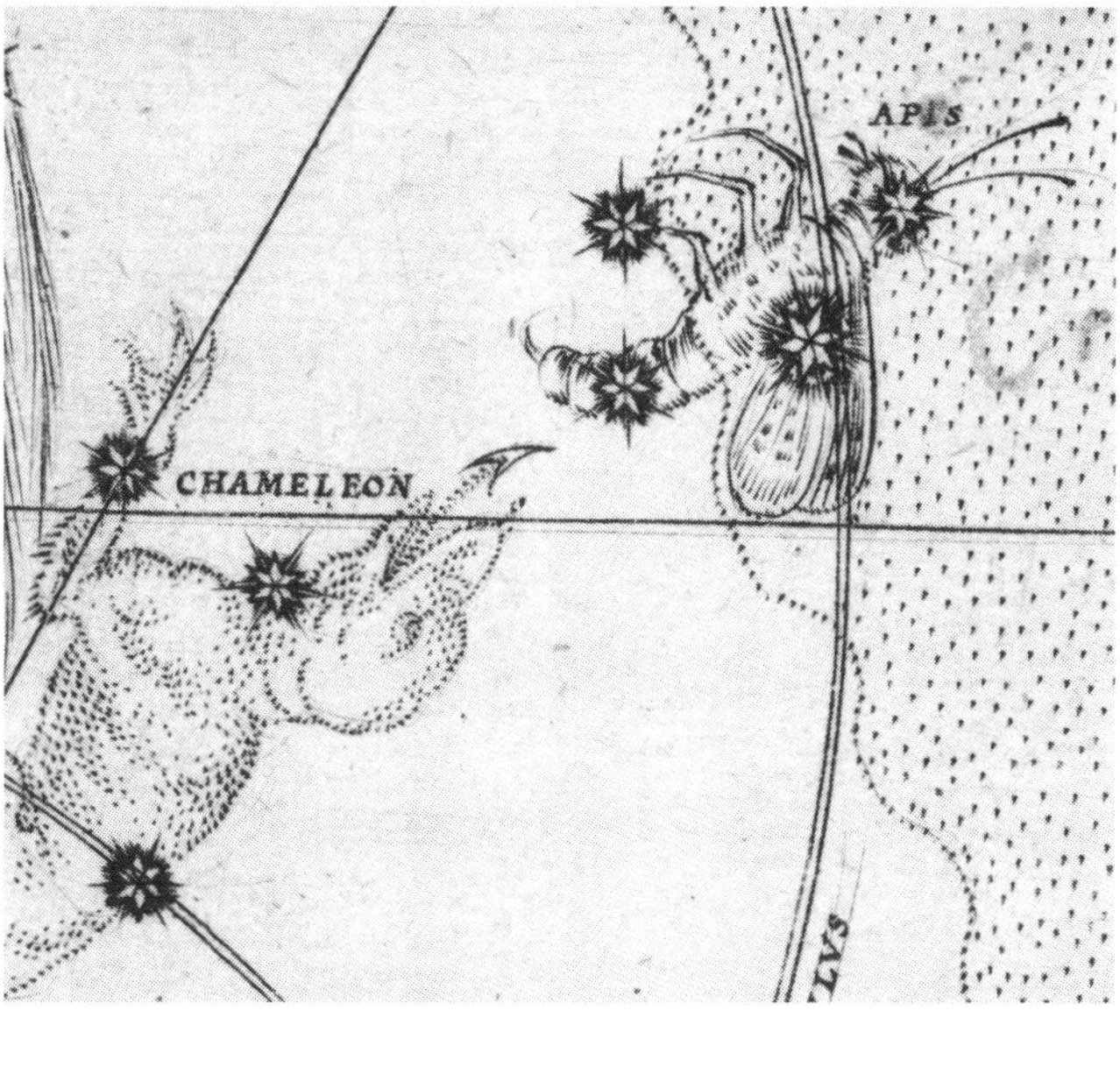

みなみじゅうじ座付近にあるみつばち座（Apis）。ヨハン・バイエル『ウラノメトリア』（一六〇三年）の挿絵の拡大図。

一六六〇年代までには、みつばち座ははえ座（Musca）に変わっていた。アンドレアス・セラリウス『大宇宙の調和』（一六六二年）より。

女神であり、まず間違いなく儀式的な、あるいは神聖な食べ物としての蜂蜜の利用と結びついた姿だろう。アジアの各宗教や初期キリスト教では、とくに洗礼などの「受け入れ」の儀式に蜂蜜が使われる習慣があった。こうした理由から、体に蜂蜜を塗りつければ悪霊を追い払うこともできるとされる。

金属片を打ち付けることでミツバチを巣に呼び込む「タンギング」の伝統は、次のような逸話から生まれたものだろう。メリッサイとともにゼウスをクロノスから護った、クーレーテスと呼ばれる戦士でもある神官たちは、盾を打ち鳴らすことで幼いゼウスの泣き声をごまかした。人間に養蜂の技術を教えたディオニューソスはもともと葡萄酒ではなく蜂蜜酒の神で、その祭儀でシンバルを打ち鳴らしてお祭り騒ぎをするのはミツバチを呼ぶためだったと言われている。ローマ神話の酒神バッコスも、ディオニューソスと同様に本来は葡萄酒でなく蜂蜜酒の神であり、オウィディウスによれば蜂蜜の発見者だという。バッコスがロドペー山へ向かう途中、従者たちがシンバルを打ち鳴らすと、その音に惹かれて数匹のミツバチが現れた。バッコスがこれを木の洞に閉じ込めると、ミツバチはその中で蜂蜜を作ったという。これに関連する逸話で、サテュロス〔バッコスの従者である森の精〕たちの父であるシーレーノスは木に蓄えられた蜂蜜を略奪しようとするが、その甲斐もなく刺されてしまう。バッコスはその傷口に蜂蜜を塗ることで、痛みを和らげる方法を教えた。[*3] ミツバチのタンギングに対する迷信は驚くほど長く続いていた。一八二〇年、トーマス・ローランドソンによる風刺漫画の主人公、無様なシンタックス

召使いたちが呼んだミツバチが、シンタックス博士のかつらを巣と間違える（ウィリアム・クーム『*Doctor Syntax's Three Tours*（シンタックス博士の三つの旅）』より、トーマス・ローランドソンによる挿絵〔一八六八年〕）。

博士が被った数々の災難の中には、音に呼ばれたミツバチが巣ではなく博士のかつらに取りつこうとしてついてくるという不幸な出会いもあった。[*4]

伝統的に、飼われているミツバチは決して他の家畜と同列ではなく、むしろ家族の一員のように扱われ、彼らにまつわる重要な作法や風習が遵守されていた。飼い主が亡くなるとただちにミツバチに知らせなければならず、さもないと巣を捨てて新しい巣へ移ってしまうと言われていた。ホイッティア〔アメリカの詩人〕の詩「Telling the Bees（ミツバチへの知らせ）」では、ある男が先立った若い恋人の家に向かって歩いていると、使用人の少女がどの巣箱にも黒い布きれをかけていた日のことを思い出している。「彼女はミツバチに伝えているのだ／誰でもいつかは赴く旅路へ向かった人のことを！」。そう思い起こす男の心には、少女の歌っていた歌がずっと残っていた。「お家にいて、かわいいミツバチたち、ここから飛んでいかないで！／メアリーさまは行ってしまったの！」[*5]。ミツバチには結婚などのめでたい出来事も伝えられ、宴席の食事が与えられた。

ミツバチの好みの難しさ（口臭やイチイの木の香り、わずかな玉ネギの匂いをも嫌う）は、きわめて興味深く信じがたい、ミツバチのとある伝承の遠い起源になっているのだろう。アフリカにすむラーテル（*Mellivora capensis*）はミツアナグマとも呼ばれ、蜂蜜や蜜蝋、ミツバチの幼虫が好物だ。ラーテルは巣に向かって放屁することでミツバチを「あぶり出す」のだという。この機知に富んだ動物は蜜蝋を消化することができる希少な能力をもっており、教会から蜜蝋の蝋燭を盗むとも言われている。ミツバチは悪口をひどく嫌い、彼らの前で悪口を言う者を刺し、純粋な水しか飲まないという。[*6] この純粋性が、ミツバチを神聖な象徴とする認識を強めている。すでに書いたように、ミツバチは聖母マリアの処女性と、またその羽音と飛行パターンは天へ昇る魂と結びつけられている。ブルターニュ地方の神話では、ミツバチは十字架にかけられたキリストの涙から生まれたと考えられており（アリストテレスとウェルギリウスを知らない者にしか受け入れられないだろう）、エジプト神話では最高神ラーの涙とされている。[*7] 北イングランドでは、ミツバチはクリスマスの朝〇時になると歌うと信じられていた。イギリスでは一七五二年にユリウス暦からグレゴリオ暦に切り替わったが、いぶかしく思ったヨークシャー州の養蜂家たちは、ミツバチはあくまでも新暦ではなく旧暦のクリスマスの朝に歌ったと書いている。[*8] 勤勉な人文主義の学者ルドビコ・ビベスに愛情を抱いたミツバチは、一五二〇年代にオックスフォード大学コーパス・クリスティ・カレッジにある彼の研究室の軒下に巣を作り、一世紀以上もそ

チを飼うという伝統がある。[*9]ここにとどまった。カレッジには「ミツバチの学寮」のあだ名が付き、それ以来、寮長がミツバ

預言するミツバチ

ミツバチは預言と占いに関わるという伝承がある。ギリシャのデルポイの神殿はもともと蜜蝋で作られ、ミツバチが仕えていたと言われている（おそらくゼウスの保護者であり、のちにいくつかの宗教の女神官となったメリッサイと結びつけられている）。イギリスが誇る古物研究家、ウィリアム・ダグデールが生まれた日、ミツバチの群れが父親の庭を訪れ、「ある者たちは赤ん坊にとって幸運の兆しだと見なした」。のちに科学者のウィリアム・リリーが、ミツバチは「幼な子がやがてたぐいまれな勤勉さを示すことを予言した」のだとダグデールに語っており、これについてはミツバチがまったく正しかったようだ。[*10]同じく預言めいたミツバチの群れが一六二三年、枢機卿による新法王選出の投票（コンクラーヴェ）が行われているヴァチカンに現れた。群れは投票の結果を待つマッフェオ・バルベリーニの控え室にとどまった。バルベリーニ家の紋章は三角形に並んだミツバチであり、マッフェオが法王ウルバヌス八世として任命されたのは当然のことだった。バルベリーニの三角の紋章はその後ローマ中の建築や祈念碑にあしらわれた。タキトゥス〔古代ローマの歴史家〕によれば、[*11]皇帝ネロの未成年期にローマのカピトリウム神殿の破風に定着したミツバチの群れは、破局の前触れとして母アグリッピナを息子の支配へ

ローマ・バルベリーニ広場の噴水に彫られたバルベリーニ家の三角の紋章。

と駆り立てた。リウィウス〔古代ローマの歴史家〕は紀元前二〇八年にカシヌムの町の広場に現れた不吉なミツバチの群れを報告している。[*12] こうした預言的な、凶兆を示すミツバチの性質は、エミリー・ディキンソンの厳かな詩の一つの主題にもなっている。

蜜蜂のささやきが止んでしまうと
何かそれより後にくる
予言者のようなもののささやきが同時に始まった――
自然の笑いが終わった時の
年の低い韻律
六月を創世記とした
聖書の黙示――[*13]
(『愛と孤独と　エミリ・ディキンソン詩集Ⅲ』谷岡清男訳、株式会社ニューカレントインターナショナル、一九八九年)

ここではミツバチは、ディキンソンによって聖書の幻想と結びつけられた自然界の季節の託宣者であり、天候の預言者である。

モルモン教の約束の地

一八四七年、ブリガム・ヤングに導かれてイリノイ州からユタ州に移住してきたモルモン教徒たちはソルトレイク渓谷に落ち着き、そこを「デゼレット」（deseret）と呼んだ。これはエジプトの土地そのものを表すミツバチのシンボルであり、「dsrt」「deshret」と字訳されることもある。『モルモン書』は古代の北アメリカにいたモルモン教徒の祖先とされるヤレド人の荒野での苦難を描いている。約束の地を求める旅の中で、「彼らはデゼレトも運んだ。デゼレトとは、蜜蜂という意味である。このようにして、彼らは幾つかの蜂の群れを運び……」[*14]（『モルモン書』末日聖徒イエス・キリスト教会、一九九五年）。聖書や『モルモン書』に見られる民族的・宗教的な移住はミツバチの分封と結びつけられ、巣箱はモルモン教徒の政治・社会組織の象徴となった。というのも、彼らには共同生活と、ミツバチの習性として広く認識されているものに似た一夫多妻の伝統があったからだ（とはいえ、ただ一度の交尾で死ぬ雄バチには一夫多妻は不可能だが）。ソルトレイクシティにあるブリガム・ヤングの家はビーハイブ・ハウス（蜂の巣の家）として知られており、ユタ州（当初、モルモ

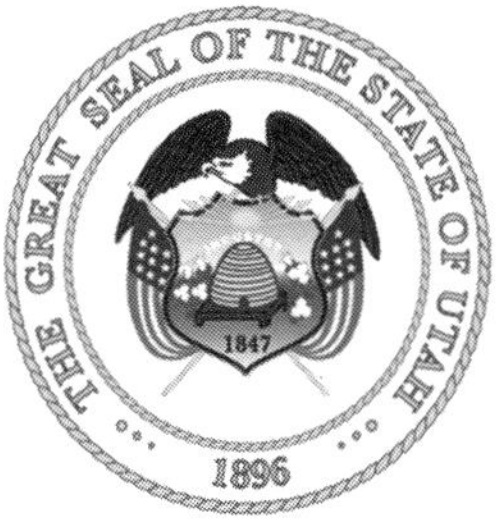

ユタ州の州章と、スケップをあしらったハイウェイパトロールのナンバープレート。

ン教徒たちが「デゼレット州」とする運動をしていた）の州章は「勤勉」の標語とともに中央に巣箱をあしらっている。州のスローガンは「蜂の巣の州」だ。モルモン教の監督〔モルモン教における指導者〕たちを写した一枚の興味深い写真が残っている。一八八八年、一夫多妻制を禁止する法律に抗議してユタ準州刑務所に収監されたモルモン教徒、ジョージ・キャノンとの連帯を示すため、全員でミツバチのような縞模様の囚人服を着て訪問したときのものだ。こうした服を着たのには、もちろんミツバチへの親近感を表すという狙いもあったのだろう。

伝承のウソ・ホント

ミツバチに関する民間信仰は、厳密に言えばそのいくつかは真実だ。アリストテレスはミツバチは耳が聞こえないと考えたが、現在では彼

ジョージ・Q・キャノンとモルモン教の監督たち。ユタ準州刑務所にて。

らが音を聞く仕組みをいっさいもたないことが立証されている。ミツバチは雷を恐れると言われていたが、彼らが実際に磁場を感じ取るということはよく知られている。もっとも、恐怖を感じているかどうかまでは分からないが。言い伝えではミツバチは雪による反射光で目が見えなくなりやすく、たびたび道に迷って雪上に降り、凍え死んでしまうとされる。[*15] 実のところミツバチは、おもに白、黄色、青、そして黒といった特定の範囲内の限られた色しか知覚できない。一面の雪景色は、悪天候の中であえて外に出ようという不運なミツバチがいれば、その視覚的な道しるべとなるものを覆い隠してしまう。とはいえ、雪の中で見つかるミツバチの死骸は、冬の低すぎる気温の中で汚れ落としの飛行に出かけた不幸な結果である可能性のほうがはるかに高い。働きバチは巣の中では決して排泄しないが、巣の外に出れば気温が七℃以下ならすぐに死んでしまう。そのため汚れ落としの飛行は、つねに命の危険をはらんでいるのだ。かといって清潔にしていないと、消化器系を侵すノゼマ病で命を落とす。

媚薬《びやく》や幻覚剤としての蜂蜜の効能は、ヒンドゥー教徒やムーア人のあいだでは一般に信じられていた。『リグ・ヴェーダ』にはヴィシュヌ神がその足跡の一つから蜂蜜酒を湧き出させ、蜂蜜酒を飲んだ者の生殖力を大幅に高めたいきさつが書かれている。おそらく性的抑制を緩める原因になっていたのは蜂蜜そのものではなく蜂蜜酒に含まれるアルコールのほうだと思われるが、ともかくそれが妊娠につながった。『カレワラ』〔フィンランドの民族叙事詩〕にある神話には、ミツバチはビールを発酵させ、けが人に塗るための蜂蜜を取りに行く勇敢な小鳥として登場している。[*16]

事実とはわずかほども関係のない、ただ奇抜なだけのミツバチに関する認識も多い。ウェルギリウスによれば、ミツバチは飛ぶときにバランスをとるため脚に小石をつけているとされ、一六八〇年代になっても王立協会〔イギリスの科学学会〕のある主要な会員がこの説を唱えていた。[*17] プリニウスは、もしミツバチが日暮れまでに巣に帰れず、野宿を余儀なくされた場合、羽に露がつかないように仰向けに眠るのだと説明した。[*18] ケルト人とサクソン人にとってミツバチは世界を行き来する羽のはえた使者であり、エジプト人はカー（魂）をミツバチの姿で表した。ワニは蜂蜜が好物で、追い払うには巣の前にサフランを置くしかないという。[*19] アフリカのツォンガ族は、ギリシャ人と同じく女性が結婚後一年間は蜂蜜を食べることを禁じていた。さもないと、蜜を求めるミツバチのように飛んでいってしまうからだ。リトアニアでは、地球の中には巨大な空洞があって、「ミ

蜂蜜酒で酔っ払った農民たち。オラウス・マグヌス『北方民族文化誌』（一五五五年）より。

ツバチの果てしない群れ」がその中を蜂蜜で満たしており、そこに落ちたクマが溺れ死ぬこともあるようだと言われていた。[20] いっぽう、狡猾なクマはスケップを盗み、ミツバチを溺死させて蜂蜜を手に入れるとされた。一六世紀の博物学者、ウリッセ・アルドロヴァンディは、ひげを早く伸ばしたい男にミツバチを焼いた灰を顎に塗りつけるよう助言し、一世紀後の科学者、ネヘミア・グルーはミツバチの灰を育毛剤として勧めた。[21] ラテン語で「偽り」を意味する語は「雄バチ」をも意味し、針をもたない雄バチ(*fuci*)、つまりにせのミツバチは、遅い季節に生まれ、そのころには働きバチが疲れ切っていて完全なミツバチを作れなかったために欠陥があるとされた。伝染病で死んだミツバチはイチジクを焼いた灰を

狡猾なクマはミツバチを溺れさせて蜂蜜を手に入れる。ディエゴ・デ・サアベドラ・ファハルド『*Idea Principis*（君主の理念）』（一六四九年）より。

かけ、わずかに温めることで生き返らせることができるという。[*22] この方法がうまくいかなければ、ミツバチとイチジクの灰を混ぜたものは痛み止めと「糞詰まり」の薬として使われた（便秘に効果があるのはもちろんイチジクのほうで、ミツバチではない）[*23]。

ミツバチの伝承は養蜂の歴史に強い影響を受けているが、ミツバチ狩りや蜂蜜採りの技術もまた副次的な民間伝承を生み出してきた。北アメリカの部族に「イギリス人のハエ」[*24]として知られたセイヨウミツバチは新世界の原産ではないが、一六二一年にバージニア州に導入されると瞬く間に大陸中に広がり、一九世紀初期には中西部にもよく定着していた。当時の野生の蜂蜜採りの専門家をきわめて詳細に描いているのがジェイムズ・フェニモア・クーパーの『*The Oak Openings; or, The Bee-Hunter*（オーク・オープニングス、あるいはミツバチ狩り）』（一八四八年）だ。この小説の大胆不敵な主人公は「ベン・バズ」「ル・ブルドン」（雄バチ）とあだ名され、キャッスル・ミール（フランス語の「蜂蜜の城から《シャトー・オ・ミエル》」）として知られる小屋に住み、ハイブ（蜂の巣）という名の頼もしいマスティフ犬を飼っていた。敵対するチペワ族とオジブワ族に立ち向かうクライマックスでは、彼はミツバチを見つけるのに使う方法——複数のミツバチのビー・ラインから彼らがすむ樹洞を割り出す三角測量法を用い、ミツバチから蜂蜜と、ついでながらクマのいる場所を「教えて」もらうことで、自分たちが魔術的な力を持っていると威圧的な戦士の一団に信じさせようとしたのだ。蜂蜜は食べるものの、ル・ブルドンがミツバチを見つける道しるべとした幾何学の原理を知らなかったインディアンは、彼を強い力を持った祈禱師だと判断した。彼はこの権威を利用して、インディアンたちにキリスト教とヨーロッパ流の「礼儀正しい」作法を紹介する。ル・ブルドンはしばしばミツバチの生活に道徳を見いだしていた。ミツバチの観察は、あらゆる野生動物の観察と同じく、白人にもインディアンにもソロー流の礼節をもたらす。それは本来、そして奇妙にもアメリカ的なものだ（悪いインディアンは、五大湖北岸のずる賢いイギリス人に都合よく金で雇われる）。シャーロック・ホームズと同じく、ル・ブルドンも辺境から退いたあとに自らの巣箱をもち、妻子たちとともに街に落ち着いた。ギュスターヴ・エマール（フランスの作家）の『The Bee-Hunters（ミツバチ狩り）』（一八六四年）はスペイン領カリフォルニアが舞台で、クーパー風の人嫌いの開拓者が登場し、「俺の仲間は大草原の野生動物だ。自由という純粋な空気を吸って生きる生き物の天敵である、おまえたちみたいな町や都市の

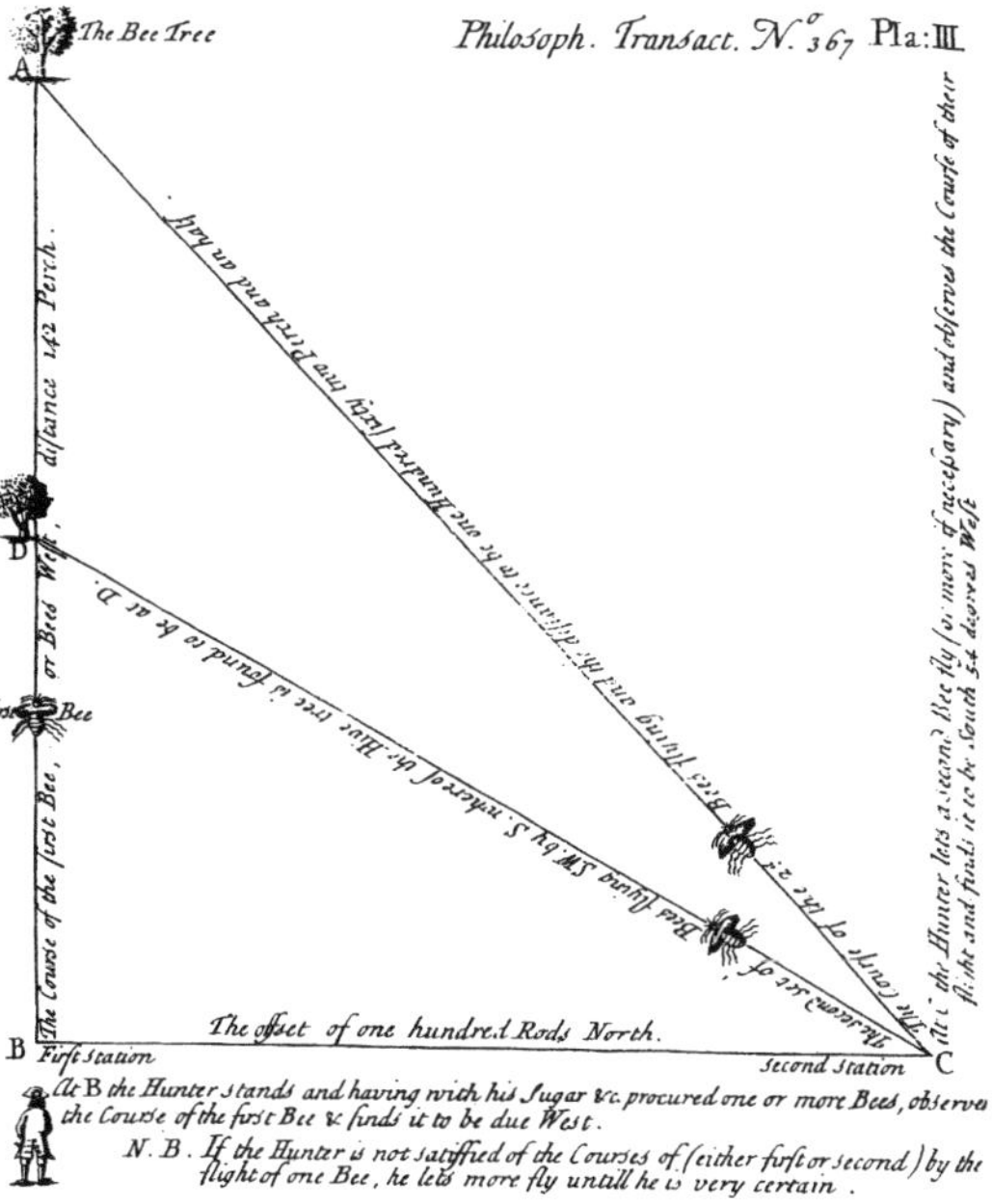

ビー・ラインを使った三角測量で蜂蜜の場所を求める図式。（ポール・ダドリー「近年ニューイングランドで考案されたミツバチの巣を発見する方法の報告」、『フィロソフィカル・トランザクションズ』）第三二号（一七二二年）より）

男と俺のどこが同じだ？」と語る。[*25]

伝承の中のミツバチは何世紀にもわたって迷信を集めてきた。こうした迷信は礼儀正しさにまつわる彼らの政治上の評判やウェルギリウスの説、敬虔さ、神による祝福、その自然史の尽きぬ謎と深く関わっている。しかし、ミツバチにはもう一つ別の姿がある。それは啓蒙時代以後に起源をもち、仕事に対してあまりあくせくせず、ときにはユーモアのセンスさえ見せるミツバチの姿だ。

9

歌うミツバチ、刺すミツバチ

すでに見てきたように、ミツバチは曲がりなりにも踊り、歌う。大衆文化の中の歌って踊る擬人化されたミツバチはとても愛らしいものだ。人間の姿とはもっともかけ離れた昆虫などの生物はもっとも獣的であり、野生と異質さを感じさせるもので、意思を思わせる表情や哺乳類のような行動は見せないことが多い。彼らは友好的で抱きしめたくなるような、感情的に受け入れやすい存在として描かれることはあまりないようだ。たとえアリが社会性昆虫の手本のような立派な生き物だとしても、そのつやつやしたもろい外殻は抱きしめたいとは思えない。そして漫画に登場する昆虫たちは、ディスニーのジミニー・クリケットのような陽気な例外を除いては、滑稽だったり悪役だったりはしても愛らしく描かれることはない。昆虫アニメの大作『アンツ』では、ウディ・アレンが予想どおりの神経質なひょろりとした主人公のアリの声を、ジーン・ハックマンがマンディブル将軍を演じていた。
リチャード・クライン〔アメリカの生物学者・人類学者〕によれば、漫画の動物や赤ん坊のかわいらしさは共存する三つの特徴によって生まれるという。それは小さいこと、丸いこと、そして巧妙に計算されていることだ。[*1] ディズニーのバンビのように、大きな目と長いまつ毛をもった漫画のキャラクターは共感しやすく、とくに毛皮で覆われていればなおさらだ。他の多くの分野でもそうだが、ミツバチのイメージは動物的なものから人間的なものへと境界を越える。毛の生えた丸い体に大きな目をもったミツバチと、とくにマルハナバチ。目のくりっとした、あどけないふわふわした姿は、友好的で優しく、無害であることを示しているのだ。感傷主義が大いに発展したヴィクトリア朝時代にはかわいいミツバチのイメージが流行し、ヘンリー・A・ビアーズ〔アメリカの作家〕は、蜂蜜のトディ〔ウイスキーなどに水や湯を加えた飲料〕を飲み過ぎて酔っ払ったマルハナバチの物語を書いている。

体に巻いた金の飾帯は
スイカズラのゼリーで膨れた腹に
かろうじてとどまっている。
バラの酒とスイートピーのワインが
神聖な歌とともに魂を満たす。[*2]

漫画のミツバチ。小さく、丸く、巧妙に計算されている。

しかし気楽なマルハナバチにとっても二日酔いは大敵で、ほろ酔い気分で歌を口ずさむ彼も「低い声で静かにぼやく——かわいそうな泣き上戸のマルハナバチ！」となってしまう。ウォルト・ホイットマンは意外にもこの詩を評価し、自らのエッセイである暑い夏の一日を描いている。

低く心地よい羽音が私を包むなか、鮮やかな黄色の上着をまとい、丸々と輝く体にずんぐりとした頭、透き通った羽をもつ蜂たちが何百匹と私のそばを飛び交い、近づいては離れ、突進してくる……彼らがすべてのものを育むさまに私は安らいだ……小道をすばやく行ったり来たりしながら、羽音を奏でるマルハナバチたち。帰り道、再び私を取りまくように大きな群れがつい

かわいらしい現実のミツバチ。

てきた……（ユリノキの）花の甘い花蜜を求めて、無数の野生の蜂が群れをなしている。
その大きく絶え間ない羽音はあらゆるものの伴奏となる……＊3

ディキンソンのミツバチ

エミリー・ディキンソンは概して荘厳なミツバチを好んだが、「ブンブンとうなる略奪者」に魅力を感じなかったわけではなく、そうしたあだ名を付けて、ほとんど哺乳類のようなミツバチの快い満足げな声に触れている。彼女のもっともよく知られた詩の一つでは、どこか感傷的な訪花のイメージと、長きにわたるアメリカ的ピューリタニズムの束縛からの知的解放を宣言する詩人／ミツバチの英雄的ともいえる素質を繰り返している。

私はこれまでに一度も醸《かも》されたことのない酒を賞味する
真珠を嵌め込んだ大盃から――
ライン河のすべての大樽を動員しても
このようなアルコールは造れまい！

大気に酔いしれた私は
露の放蕩者――

終わりなき夏の日々を――千鳥足で
きらきらかがやく青空の酒場から出て行く

「酒場のおやじ」が――酔っ払った蜂を
キツネノテブクロの戸口から追い払っても
蝶たちが「ちびり酒」をやめても
私はますます痛飲するだけ――

ついには熾《し》天使たちが雪の綿帽子を振り
聖者たちも窓辺に駆け寄り――
小さな酒豪が
太陽に倚りかかって居るのを眺めるのだ*4

（『愛と孤独と　エミリ・ディキンソン詩集Ⅲ』）

彼女は自分自身を、同種の厳格な労働倫理の道を外れたミツバチとして描いている。そして巣箱は、ニューイングランドの先祖たちが守ってきた面白みのないカルヴァン主義と結びつけられ、酩酊してもたれかかるミツバチの姿に内在している。ディキンソンは「東洋の異教に活気づく」、花蜜を飲み干して花粉をくすねるミツバチも描いており、おそらく二〇世紀後期ま

酔っ払ったミツバチ。リチャード・フランカム『*The Bee and the Wasp: A Fable*（ミツバチとスズメバチ：寓話）』（一八三二年）より。

でのアメリカの小規模醸造所による「蜂蜜ビール」の発展を好意的に見ていたのではないだろうか。それは蜂蜜酒でも、もちろんミツバチのための強い酒でもなく、近代的な、甘党のための、混ぜ物をしたある種の粗悪なビールであり、彼女はロンドンの醸造所、ヤングスから発売された「尻振《ワグル》りダンス」（「ひと口飲めば、味蕾《みらい》が一日中踊る」）というブランドの蜂蜜ビールを喜んでいたかもしれない。商品のブランド戦略に、ミツバチによる蜂蜜作りの偽りのない特徴を取り入れた希有な例だ。リチャード・フランカムは一八三二年に、田舎のネズミと都会のネズミという昔ながらのテーマを借用して、田舎のマルハナバチがずる賢い都会のスズメバチに騙され、蜂蜜のせいで破滅するという詩を書いている。太ったマルハナバチは最後に、自分で醸造した酒の飲み過ぎで卒中を起こして死んでしまった。[*5]

ミツバチ理解と大衆化

アーサー・アスキー〔イギリスのコメディアン〕の滑稽な「Bee Song（ミツバチの歌）」では、カリフラワーから花粉を集め、ウシのハチノス（第二胃）のような巣を作るミツバチをからかっている。しかしミツバチの仕事がいくらでたらめな想像をされるようになっても、彼らは秩序を失うことはなかった。「蜂の巣《ビーハイブ》の中のミツバチは行儀良く《ビハイブ》ふるまうものだ」とアスキーは言う。[*6] W・S・ギルバート〔イギリスの劇作家〕は、ヴィクトリア朝時代の女王バチが「一人だけ不機嫌」な形式の漫画を描いている。働きバチたちが分封の準備が整っていることを女王に「おそれながら」伝えるが、女王の反応は期待外れなものだった。

女王は声を上げてこう言った——
「それは私が決めること、
そのような意見をするものは誰か？
分封の時は私が告げる！」
ブン、ブン、ブン、ブン
陛下は怒りに顔をしかめ、
足を踏みしめて動かない。

ふてくされ、夕食もとらず――
背中を丸めてご立腹。
ブン、ブン、ブン、ブン*7

ピーターという名の頑固なミツバチが専制に屈するべきではないと仲間たちに気づかせ、誰もついてこなければ一匹で分封するという。女王と他のハチには、たった一匹で旅立ったピーターの奇行はシェリー酒で酔っていたからとしか考えられなかった。ミツバチはおおむね行儀のよいものだが、エドワード・リア〔イギリスの詩人〕の「一匹のミツバチにひどく煩わされた」老人のように、人に迷惑をかけることもある。「完全な野獣」であるミツバチがはたらいた悪事はただ羽音を立てただけのことで、このけんか腰の老人には同情できそうにない。詩人や私たちの多くにとっては、ミツバチの羽音は夏や深緑の風景の中で心地よい音楽になるからだ。*8

女王バチ。ヴァルデマール・ボンゼルス『みつばちマーヤ』（一九二〇年）より。

シニカルなミツバチ

二〇世紀までは、大衆文化の中に本当に野蛮なミツバチはほとんど存在しなかった。エドワード・リアも古くから言われているミツバチの美徳をからかっているのは明らかだ。しかし、ロバート・カークはミツバチの擬人化された勇敢さを、風刺の痛烈さへと完全に変換している。彼が一九三七年に発表した風刺詩の対象となったライバルは、皮肉自体に傷つくことはなかったが、ミツバチの風刺の針による鋭い痛みを感じている。

私のように気の利いたことさえ言えれば詩人にはなれる。
しかしミツバチは神にしか創れない！[*9]

女王バチの飛行。ヴィルヘルム・ブッシュ『*Buzz a Buzz, or the Bees*（ブンブン、または、ミツバチたち）』より。

どんな皮肉よりも効く針をもったこのミツバチは、それでも作者の敵を刺す公正なミツバチであり、同時に作者の自負でもある。辛辣な風刺家としてのミツバチは、冷戦期のアメリカで子供たちに優しく教訓を説く存在へと変わった。良い子のにこちゃん《ドゥー・ビー》は、一九六〇～七〇年代に長期にわたって放送されていたアメリカの子供向けテレビ番組『ロンパールーム』のキャラクターだ。にこちゃん（アニメのミツバチで、着ぐるみとしても登場した）は子供たちに礼儀と思いやりをもってふるまうように勧めた。良い子はにこちゃん、悪い子はこまったちゃん《ドント・ビー》（ふくれっ面の気難しいミツバチ）だ。「にこちゃんでいましょう、こまったちゃんではいけません《ドゥー・ビー・ア・ドゥー・ビー、ドント・ビー・ア・ドント・ビー》」のフレーズが繰り返されると、小さな子供たち（筆者もその一人だ）は注目した。『ロンパールーム』の放送は終わったが、代わりに現代の子供たちは学校や家で、「礼儀正しくしましょう《ビー・ポライト》」「元気でいましょう《ビー・チアフル》」「親切にしましょう《ビー・カインド》」と笑顔で呼びかけるミツバチがちりばめられた「ミツバチのふるまい《ビー・アティチュード》」のマットを目にする機会があるし、アメリカのキリスト教教育協会が経営するビー・アティチュード・スクールに通うこともある。「ミツバチのふるまい《ビー・アティチュード》」をもじって言いたがる人は、残念ながらモーセの十戒《じっかい》と至福の教え《ビアティチュード》（キリストが山上の垂訓の冒頭で説いた八つの幸福）を混同していることが多い。アメリカのコメディアン、ジェリー・サインフェルドは『ロンパールーム』を見て育った後期ベビーブーム世代の一人で、マンハッタンを思わせる擬人化されたミツバチの世界を舞台とした映画『ビー・ムービー』で主役の声を演じている。古くからの伝統はここでも健在のようだ。サインフェルドはプレスリリースで語っている。「世界でもっとも調和のとれた組織であるミツバチの社会に憧れていた。ついに今、その中に加わることができるんだ[*10]」

良い子のにこちゃん《ドゥー・ビー》。アメリカのテレビ番組『ロンパールーム』より。

10

「悪しきミツバチ」誕生と近現代

そいつらの名は殺人バチ《キラー・ビー》
サンディニスタ〔一九七九年にニカラグアのソモサ政権を倒した左派革命組織〕たちは「自由の戦士」と呼ぶ
神を信じぬマルクス主義の虫どもの邪悪な帝国
どうしたらやつらを止められる?……
花から花へとマルクス主義の花粉を撒き散らし
すべての純粋なアメリカのミツバチを堕落させる……
アメリカよ、忘れるな、あの赤のハチどもはみな働きバチだ
雄バチはいない!

ボブス「キラー・ビー」（一九八八年）[*1]

ミツバチが脅威や嫌悪、恐怖といったイメージを負わされたのはいつからだろう。昆虫たちは、とくに顕微鏡の革命が起こった一六六〇年代以降、イギリス文学最盛期の作品では嫌悪の象徴として描かれるようになり、博物学者たちは拡大して見られるようになったその構造を細密な銅版画で表した。ロバート・フックの『ミクログラフィア』（一六六五年）は拡大したノミとシラミの図を載せているが、ノミは体長・体高ともに三〇センチ以上、シラミはなんと体長六〇センチ以上もの大きさで描かれている。アレクサンダー・ポープ〔イギリスの詩人〕、ジョナサン・スウィフト、エドワード・ギボン〔イギリスの歴史家〕、エドマンド・バーク〔イギリスの政治家〕らは群れという「不道徳な、あるいは汚らわしい行為」と、見下げ果てた「勤勉な虫たち」への嫌悪をあらわにしている。[*2] バークはフランス革命について書いた『*Letter to a Noble Lord*（ある高貴な領主への手紙）』（一七九五年）で、雄牛から生まれた古代の奇跡的なミツバチを「殺された祖国の腐った死骸」からいやおうなしに発生する反乱の昆虫へと変換している。[*3] 昆虫たちはつねに害をなすものであり続けてきたが、ここへ来てぞっとするような醜悪さも身につけたのだ。ジョン・ミルトンの書く堕天使の群れは、「蝿の王」を意味するベルゼブブに命じられ、人間の体と心を支配した。

ミツバチ批判の起源としてのロマン派

ところがミツバチとアリは多くの場合、この不名誉とは無縁だった。つまり近代以前の模範的で従順なミツバチが、二〇世紀のホラー映画での恐ろしい群れへと完全に変容を遂げたのには、まったく別の経緯があることは間違いない。その発端は間接的ながら、ロマン派による産業革命への批判にある。サミュエル・コールリッジ、トーマス・カーライル、ワーズワース、ジョン・ラスキンといったいわゆる「ロマン派生態学者」[*4]たちは、自然物と製品、農業と工業、屋外と屋内といった対立するものの解釈を通じて、産業化が個人の自由や幸福に及ぼす影響を説明した。ワーズワースは著書『逍遥《しょうよう》』の中で工場をけなしている。そこでは繰り返し行われる非人間的な獣のような労働に個人を束縛し、「そよ風の中にある喜ばしいもの／穏やかな太陽の恵み」は否定された。[*5]ラスキンは人を「粉々に砕かれた、ただの人間の断片」へと変える分業をひどく嫌った。それが人間をあらゆる公共的・社会的な欲求や業績と切り離してしまうからだ。[*6]

資本主義者の欲求は労力と人間を犠牲にする産業の過程を後押しし、個人を巨大な生産機械の代替可能な一部品へと変えた。その不安の表れは、一九世紀の観察者をいっそう悩ませつつあったミツバチの社会的組織をしばしば思い出させた。かつては社会的共同作業における道徳的な公正さの象徴だったミツバチだが、今や急進的で恐れを抱くほどの「無私」と解釈され、もはや工場か鋳造所にしか見えなくなってしまった巣の、匿名の同じ一部品を表す自然界のシ

Oh dear— damnation!— what will become of my poor NEDDY.
Top
Westminster School
Designed by Shortshirts
Executed by Boys
SMALL TALK for the Benefit of the WELLS.

ウィリアム・デントの手によるものとされるこの漫画の右手の人物は、その弁舌でフランス革命に反対したエドマンド・バークだと言われており、フランス共和制のシンボルである巣箱を倒そうとしている（一七八六年）。

ンボルととらえられるようになった。一八五一年のラングストロスによる可動式巣枠などの発明から始まった近代養蜂の発展は、養蜂自体の産業化でもあったように感じられる。実際に一九世紀中期から後半にかけての巣箱は、ウィリアム・ブレイクが「生の技術を死の技術へと変えた」[7]と言ったように工場を思わせるものだった。カーライルは板金工場での金属加工を蜜蝋の取り扱いにたとえている。[8]

コールリッジは暴徒の行動について、群衆は「ミツバチのように……大勢が集まることで熱が高まり、落ち着きがなく怒りっぽくなる。そのためドイツ語では、熱狂を指す語はミツバチの群れ、すなわち*Schwaermen*、あるいは*Schwaermerey*に由来しているのだ」と記述している。[9] 遅くとも一七八〇年代から、反抗的な暴徒とその行動、政治や社会への不満に駆り立てられた手に負えない群衆はとくに恐れられていた。カーライルとバークも*schwärmerei*〔「群れをなすこと」、または比喩として極端な熱狂を示すこと、わめき立てること〕の語を使って、フランス革命で暴徒が起こした出来事について述べている。産業の過程が致命的、非人格的で制御の効かないものであるという認識は、群衆とその「無私の」構造へのこうした恐怖と結びついて存続し、やがて現代の機械化された、電子的な社会組織の想像図へと発展した。その中では「意識と自制心が自然を超えた力、超大国、生活のための巨大機構、技術論理に屈する……文化は機械となり、人間が進んでその存在を機械のそれと融合させるとき、それは死の公式である*10」。

エドワード・ペイリー〔イギリスの建築家〕が一八三一年に発表した反ラッダイト〔産業革命期のイギリスで機械の打ち壊し運動を起こした労働者たち〕の小論文は、労働者たちが新しい産業の過程を受け入れられるようにミツバチの寓話を持ち出している。ミツバチは素晴らしい蜂蜜作りの機械の使い方を間違え、暴動と経営不良によって窮地に陥ってしまう。悪いのは彼ら自身であり、機械に非はないのだと女王バチは言う。教訓：「機械は友人であり、人間の敵ではない。人間を怠けさせるためではなく、休ませるために働く……富める者を豊かにし、貧しい者を懲らしめてくれるのだ*11」。近代の同じような産業・経済理論を、デイヴィッド・ウォージャン〔アメリカの詩人〕の「Hivekeepers〔巣箱の番人〕」と題する詩は不気味に表現している。冒頭ではピーテル・ブリューゲル〔フランドルの画家、ここは父親の方〕の同名の絵画について触れている。

作者は彼らの着ている防護服と、ニューヨーク市でアスベスト除去をしていたポーランドの業者が不運にも着ていなかった防護服を重ねている。彼らは新天地アメリカでの成功を喜びながらも、やがてその命を奪うことになる石綿症や中皮腫の徴候をすでに見せていた。ウェストサイドのアパートの壁から除去されたアスベストは「不格好な蜂蜜のかたまり」になぞらえられ、その蜂蜜とミツバチがもつ不気味な死のイメージは、危険な工業製品と企業の利益のために労働者を犠牲にしてきた習慣の、冷酷かつ有害な歴史を物語っている。[*12]

しかし、人を不安にさせるミツバチの真実が一概に嫌悪の姿勢を生んだわけではない。アメリカの養蜂の専門家A・I・ルートは、ミツバチが暴力や怒りと結びつけられることを快く思わなかった。彼の著した百科事典の「ミツバチの怒り」（なぜかオスとして描いている）の項にはこうある。

ピーテル・ブリューゲル（父）『*The Hivekeepers*（巣箱の番人）』（一五六〇年代）。このインクによる素描は、蜂蜜泥棒を描いたものとも言われている。

いっぽうミツバチは、あらゆる生き物の中でもっとも愛想よく、社会的で、温和で善良な性質を持った小さな仲間である……だからこそ、私たちは彼らのすぐ目の前でその美しい巣をずたずたに引き裂くのに躊躇しないし、彼らは怒りを微塵も見せず、ありったけの忍耐力で、非難の言葉の一つもなくすぐにそれを直し始めるのだ[*13]

ロマン派の認識を今に伝える、煩わしく、隷属した、意思のないミツバチという感覚が発展し、また二〇世紀に入るころからはミツバチの研究に影響を与えるようになったが、ルートやラングストロスといった実践的な養蜂家たちはおおよそ動じなかった。ロレンゾ・ラングストロス牧師は一八五〇年代に可動式巣枠の巣箱の特許を取得したが、のちに誰でも模倣できるようにその設計を公表した。あたかもミツバチの無私性と思いやりを示すような素晴らしい行動だ。エイモス・ルートは自身の養蜂とキリスト教信仰を明確に結びつけていた。今でもオハイオ州メディナで経営されている彼の会社は、養蜂セットの販売や高品質な養蜂用具と蝋燭の製造の先駆けであり、その出版部門は一八八四年に『*The ABC and XYZ of Bee Culture*（養蜂家大全）』を出版して以来、現在でも改訂を重ねている。ルートの会社は、一七世紀のピューリタンの様式を保った敬虔とでもいうべき企業として現在でも知られている。ところがハート・クレイン〔アメリカの詩人〕は、容赦なく無慈悲な組織である蜂の巣に対する新しい不穏な認識を、ミツバチの古くからの神学との関係と結びつけている。人間の心は「世界の巣」であり、あらゆる苦痛と引き換えに、慈悲のうちに蜂蜜と黄金の愛を生み出すのだ。[*14] 過去二世紀の間にミツバチの象徴性は揺らぎ始めたと言ってもよく、クレインのような詩人が、ウェルギリウス的な善良なミツバチと同時に、害をもたらす、あるいは厄介なまでに非人間的な新しいミツバチ像を描くようになった。

「暴力的なミツバチ」への変遷

数千年にわたるミツバチの伝承の中で、彼らは私たちがもっとも尊重する素晴らしい性質の数々を備えていると信じられてきた。今や私たちは、ミツバチの非凡な社会組織を人間の行動、哲学、信仰といったものさしで説明する魅力的な幻想にすっかり慣れてしまった。ミツバチの特別な性質は空間的、社会的、道徳的秩序の象徴と考えられており、一九世紀半ばまでは、無数のミツバチはまだ脅威的な群衆や、揺るぎなく計り知れない集合意思をもつ暴徒へと変わってはいなかった。一八一七年にコールリッジが「感情……それは洞察と反比例する」と定義したものは、二〇世紀に入ってエリアス・カネッティ〔ブルガリアの作家〕が発表した説得力のある群衆理論の中で展開された。ミツバチの社会は、奇妙ながら図らずもこの理論によって説明できるのだ。コロニーはつねに成長しようとするが、群衆とは違って、飼い主とミツバチの合意のもとに抑制し管理することができる。いっぽう、群衆を構成する各自の平等性は、たちまち暴徒の危険な無私性へと発展する。隔離され閉じこもった女王バチを除いて階級が見られないミツバチの巣では、この平等性が明確だ。群衆とミツバチの群れの密度は類似しており、カネッティが言うように、群衆は行動を起こす瞬間にもっとも密になる（ように感じる）。ミツバチの分封は意図をもった行動の発露であり、その共通の目的（新しい巣の場所を見つけること）が各自を活性化し、目標に到達したときに行動を変える。群衆は分封群と同じように、目的が達成されるまでの間しか存在しない。そしてカネッティは、群衆は分裂の恐怖からどんな目標でも受け入れるという。ミツバチが分封のとき、分裂することによって効率的に繁殖できるのは、目標であり、目的である群集の心理と習性に支配されているからだ。*15

顕微鏡が十分に進歩し、博物学者たちが無欲にミツバチの真実を突き止めた一八世紀には、すでにミツバチの数々の伝承は寓意や子供向けの話、粗雑な民間信仰の範疇を出ないことがいよいよ明らかになりつつあった。初代エイヴベリー男爵ジョン・ラボック卿は一八七〇年代に社会性昆虫に関する実験研究を発表したが、ミツバチの政治に関する伝承の長い歴史の後では残念ながら中立的なものにならざるを得なかった。ラボックらはミツバチがコミュニケーション能力をもっているはずだと感づいていたため、その知能を測定することで、食料の場所を仲間たちに実際にそこへ連れて行くことなく伝える方法を解き明かそうとした（答えはもちろん、フォン・フリッシュが記述したダンスの中にあった）。ラボックの実験は結果を残せず、実験に使ったミツバチのうち、一匹も仲間を食料のところに行かせる様子を見せなかったため、諦めてしまった。さらにラボックは、興奮しやすく実験には使えないとしてミツバチを解放したことや、嵐が近づくと「ひどく機嫌を損ねた」と書いたことを除いては、彼らの表に出ない感情の構成に関心を持つことはなかった。[16] それでも彼は近代の巣箱の発明者、偉大なるラングストロス牧師の言葉を引用し、完全に良心を欠いたミツバチが他のミツバチから略奪する様子を書いている。

　盗みを働くミツバチには悪事の雰囲気が漂っている。それは熟練者にとっては、敏腕な警官にとってのスリの動きと同じように特徴的なもので、緊張とやましさによる動揺は一度見れば間違えようがない。[17]

ラボックもラングストロスも、ミツバチがどのようにやましく見えるのかは説明していない。ラボックは同じくラングストロスの言葉を引いて、ミツバチの蜂蜜への熱意を述べている。

　無数の飢えたミツバチが菓子屋を襲うのを目にするまで、彼らがどれほど心酔しているか理解できるものはいない。何千という死んだミツバチが糖蜜から濾《こ》し取られるところを見たことがある。さらに数千匹が沸騰する蜜の上にさえ降りようとし、床はミツバチで覆われ、窓は取り付かれて真っ黒だ。あるものは這いまわり、あるものは飛び、あるものはいまだに這うことも飛ぶこともできないほど蜜にまみれている。不正に得た戦利品を巣に持って帰れるものは一〇匹に一匹もおらず、新たにやってきた思慮のない群れがまた宙を満たす。[18]

偶然に過ぎないだろうが、ラボックは一八七一年に銀行休日〔土日以外の年数回の休日〕の発案という重要な功績も残している。これは彼がその福利に大いに関心を寄せていた、店員の権利を保証するための議会法だ。休日でも絶え間なく働くミツバチが、ラボックの政治的信念を刺激したのかもしれない。

近代におけるミツバチの善性

ラングストロス、ラボック、それにヨハン・ジェルゾン〔ポーランドの養蜂家〕、シャルル・ダダン〔フランスの養蜂家〕、A・I・ルート、モーゼズ・クインビー〔アメリカの養蜂家〕、フランソワ・ユベール〔スイスの博物学者〕らのミツバチに関する一般に中立的な実験・実践研究は、長年パブリックドメインとして公表されていた。

女王バチはその体の大きさと、胸部につけられた赤い点で区別できる。

その上で、モーリス・メーテルリンクが二〇世紀初頭にミツバチを容赦なく擬人化し、その巣箱の素晴らしい政治について書いた入魂の作品を読むと驚かされる。大好評を博した彼の『蜜蜂の生活』（一九〇一年）は、やや素朴なロマンチシズムとともに科学者から得た最新の情報を盛り込んでおり、この興味深い混交が、彼自身の実地によるミツバチへの理解と、ミツバチを人間と同じ知性と感情を持った存在として描きたいという抑えがたい詩的衝動の間で、不本意ながら揺れ動いているように思える。彼が言うには、ミツバチの学校は「熱心で公平な労働」の学校であり、私たちはそれをヘシオドスから最初に学んだ。それは彼が「巣の精神」と呼ぶ神秘的な感覚から生まれたもので、未来の「より目立たないが、より大きな原理」である。[19] ミツバチの神とは「未来」であるとメーテルリンクは宣言する。個々のミツバチが無個性な群れの仕事に従事し、味わうことのない蜂蜜と生むことのない子のために死ぬまで働くのは、効率よく群れを維持して次の世代につなぎ、集合体としての巣を拡大していくためだ。[20] 彼は社会が組織的になるほど個人の自由は制限されることを見抜いていた。これはホッブズ主義における重要な原理で、ミツバチの巣によってうまく表されている。そこではメーテルリンクが「労働する乙女」と呼ぶミツバチが、国家、経済、政治の保証と引き換えに「愛」や子を産むことを捨てるのだ。彼はこうした魅力的な、ときに風変わりなミツバチの習性の分析を続ける中で称賛と憂鬱の両極端に行き着き、読者に「私たちの巣のほぼ完全だがそのかわりに容赦のない社会……ここでは個体は完全に共和国に吸収され、共和国の方も、未来の抽象的で不滅の都市をつくるために周期的に犠牲にされなければならないのである」と警告している。[21] ミツバチの群れは、自身の幸福よりも優先される原理に従って行動すると彼は言う。そして安全で確固たる巣を捨て、初めは不毛な新しい住まいを求める分封という行動を「英雄的な放棄」と呼んでひどく感心している。[*22]彼はこの「巣の道徳的な伝統」に刺激され、ミツバチに対して二つの態度の中間ともいえる態度をとっている。一つは公平無私な善意と、公共の幸福という利他的で愛情に満ちた教訓を伝える、秩序あるミツバチの従来の（そして快い）伝統に起因する態度。もう一つは、社会的昆虫、とくにミツバチを理性のない群れの一員として、威嚇的な、機械のように思慮も意思もない存在ととらえる新興の（そして不快な）見方から生まれた態度だ。[*23]

少し後になって、ルドルフ・シュタイナーがある講義でこうした中間的な態度をミツバチの象徴論によって表している。彼によれば、ミツバチは宇宙の力を抽出・凝縮し、蜂蜜を食べたミツバチがそれを吸収するという。また彼は、ミツバチの各カーストの羽化日数を数秘術に従って自然の力と結びつけている。働きバチの羽化日数は二一日で、太陽の自転周期と同じであることから「太陽の動物」、雄バチは「地球の動物」、そして女王バチは太陽の二一日より短い一六日であることから「太陽の子」であるとしている。このシュタイナーのいうミツバチが、神の使いであるという旧来の信仰とも共通するものがあるにしろ、依然としてミツバチは、機械ではないが、生気にあふれつつも冷淡な自然の力を伝える無個性な媒介者として認識されていた。シュタイナーが聴衆であるスイスの養蜂家たち（偶然にもラ・ショー＝ド＝フォンから程遠くないドルナッハの養蜂家たち）に何を伝えようとしていたのか、彼らがそれをどう受け取ったのかについては記録が残っていない。[*24]しかしこれは、思想史の中でミツバチがどのように道徳的・

抽象的な意味を持たされてきたかを示す近代の興味深い例だ。

メーテルリンクもシュタイナーも興味深い歴史的な見方を示してくれた。メーテルリンクがミツバチの性質に対して同時に抱いた心酔と幻滅は、ロマン主義からだけでなく、マルクスが唱えたような、一九一七年の興奮〔ロシア革命〕を引き起こし、やがてスターリン主義の共産主義体制を確立したある種の空想的な理論にも起因している。二〇年後に疑似哲学的な精神運動を興したシュタイナーは、現実のミツバチの生活から得た実知識（彼が確かに持っていたことが分かっている）を手放し、実用的なことを何一つ伝えずに顧客を魅了するために考えたようなまったく根拠のない主張に道を譲っているように思える。ミツバチに関する議論で実用性が取り上げられることが減ったのは、二〇世紀のミツバチ論における注目すべき変化だ。

「悪しきミツバチ」の登場

害をもたらすミツバチが完全にその姿を現したのは二〇世紀の前半で、二つの歴史的出来事と関係している。一つは生物学に関することだ。セイヨウミツバチが、とくに亜熱帯や熱帯地域ではあまり繁栄しないということは長らく認められていた。そこで一九五〇年代半ばにブラジルの遺伝学者ウォリック・カーが、南アメリカでの蜂蜜の生産量を改善する方法を模索した。彼は同じような気候状況の南アフリカ共和国の養蜂家が、アフリカ産の亜種であるアフリカミツバチ（*Apis mellifera scutellata*）を使って高い生産率を達成していることを耳にする。このミツバチは西洋産の亜種よりも攻撃的なことで知られていたが、彼は二種を交雑させることで、アフリカ産の親よりも温厚で、なおかつ暑い地域での高い生産力を受け継ぐ雑種が生まれると計算した。一九五六年、カーは南アフリカ共和国とタンザニアから女王バチを取り寄せ、最終的にそのうちの三五匹がブラジルで繁殖させるために選ばれた。一九五七年、アフリカ産の女王バチを中心とした新しい雑種のコロニーがサンパウロの森の中に設置され、繁殖を始めた。生まれてくるミツバチはすべて「アフリカ化した《アフリカナイズド》」雑種だ。ほんの些細な出来事が、大きな災難を引き起こした。管理者の一人が巣箱の入り口の隔王板（体の大きな女王バチが巣から出られないようにするための単純な金属板）を取り外し、二六のアフリカナイズドミツバチのコロニーが飛び立ったのだ。

アフリカと西洋の混血の群れは予想もしない行動を見せた。西洋産の親が持つ主要な遺伝形質の多くは劣性だったため現れず、代わりにアフリカ産の親から受け継いだ、その目覚ましい適応力を特徴付ける驚くべき習性を示した。現代の巣箱は、基本の巣箱の上に継箱を追加し、繁栄したコロニーにさらに子育てと貯蜜のための空間を提供することで、コロニーを巣箱にとどめておくことができる。分封群は既存の巣に対して大きくなりすぎたコロニーの大規模な派遣隊であり、この派遣隊は従来の女王バチとともに巣を離れ、新しいコロニーが定着する場所を探しに行く。残された縮小した巣では新しく女王バチを孵化させ、働きバチを補充すること

ユタ州・キャッシュ郡のドナルド・ギルのミツバチは、一九三〇年後半に悪天候のために全滅した。農業保証局からの復興融資が彼の事業再開の助けとなった。

になる。そのため分封は分裂による一つの繁殖の形であるとともに、養蜂家をひどく落胆させる。当然ながら、ミツバチが巣箱にとどまり、繁殖よりも蜂蜜作りに力を注いでくれたほうがありがたいからだ。そして、アフリカナイズドミツバチのコロニーは、分封についてことごとく期待を裏切ったのだった。後の調査で分かったことだが、熱帯種のミツバチは攻撃的なだけでなく、コロニーの分裂によって急速に繁殖する習性をもっていたのだ。越すべき冬のない熱帯のミツバチには蜂蜜を大量に蓄えさせようとする環境圧も存在しないため、現代の巣箱がいくら継箱で貯蔵スペースを拡張できようと、この新種のミツバチにとっては無意味なことだった。しかし、捕食されることで彼らの遺伝子に刻まれた適応性が強く刺激され、西洋の近縁種よりも急速に繁殖するようになった（大量の蜂蜜は捕食者を引き寄せるだけでなく、その管理に追われて子育てが追い付かず、分封できる余裕がなくなる)。分封とは効率的に繁殖する手段(であり結果)である。雑種のミツバチが見せたのはこの分封の強い傾向であり、これによって着実に分布を広げていった。一九五七年の最初の脱走以来、新種のミツバチが拡散するにつれて、南アメリカのセイヨウミツバチの野生個体群は徐々に雑種化していった。そして新種のミツバチの分布は一年に三〇〇〜五〇〇キロメートルの割合で拡大し、一九七五年にはフランス領ギアナに、一九八六年にはメキシコ南部に、一九九〇年にはテキサス州南部にまで到達した。二〇〇二年の時点で、アフリカナイズドミツバチはすでにカリフォルニア州南部、コロラド州南部、アリゾナ州、そしてニューメキシコ州南部に定着している。科学者たちは彼らが今後さらに東と北に向かって移動し、やがて気候の壁に阻まれるだろうと予想している。冬を生き抜くための十分な蜂蜜を蓄えないというのがその理由だが、すでに彼らが広まった地域では、もはや人々の空想の中で大きく膨らんでしまったある問題をもたらしている。彼らの毒の強さは西洋産のものと同じだが、時おり見せる集団攻撃の際にはその攻撃性が顔を出し、捕食者と認識した相手を一キロメートルも追いかけることがある。実際に人間に集団攻撃を仕掛ける確率はきわめて少ないが(ある統計によると死亡率は一〇〇万人中一・一人)、アフリカナイズドの雑種は「殺人バチ《キラー・ビー》」だという作り話のような評判を得てしまった。*25

ミツバチを怪物へと変えた二つ目の出来事は政治的風潮だった。戦後のアメリカでは、共産主義の軍事的・心理的侵略に対するヒステリックな恐怖が蔓延し、個人が国家の意思に完全に従うという誇張された社会主義の規範の前に、いわゆる「アメリカ的」な個人の自由と良心は

一九三〇年代、中央アジアのアルタイ地方にあるソビエトの集団農場で蜂蜜を味わう子供たち。

揺らいでいた。この当時、アメリカのある昆虫学者が、ミツバチのコロニーはウォール街の大企業のように世論を操作する「シークレット・ビー」の委員会の管理下で運営されていると主張したことについて、ソビエト連邦のとあるスターリン主義の昆虫学者が激しく非難している。彼が「資本主義者の時代の終焉」と呼んだころには、自然もそのような資本的な構造に従うはずがないということを同国の養蜂家たちは気づいており、彼から称賛されている。ミツバチは、地上を作り直すべくイデオロギー闘争と農業に取り組むソビエト人民を、徹底した共産主義の作法をもって助けようとしているのだと彼は主張した。[*26]

映画における脅威としてのハチ

ハリウッドはお得意の分かりやすい手法で、

ミツバチと邪悪な社会主義者の群れを暗に似せて描いた。一九五〇年代の初め、ミツバチは怪物や巨大バチとしてホラーやSF映画に登場した。『*Mysteryous Island*（神秘の島）』（一九五一年。一九六一年に『SF巨大生物の島』のタイトルでリメイク）では、ただの小さなミツバチが人間サイズの巣房をもつ巣を作るほどに巨大化し、その力で勇敢な主人公を捕らえて監禁してしまった。人間の仕事の機械化、暴徒の恐怖、科学的社会主義〔マルクス主義の別称〕の興隆、そして後の反共主義と人種主義志向の混交はつねに映画の歴史の中に現れ、こうした潜在的な観念の組み合わせが、最初は大衆に不安を抱かせる昆虫全般のイメージと、やがてはとくにミツバチのそれと融合していった。H・G・ウェルズ〔イギリスの小説家〕の未来小説を思わせるフリッツ・ラングの『メトロポリス』（一九二七年）では西暦二〇〇〇年代の未来都市が描かれており、そこでは労働者たちが地下工場の奴隷にされ、立ち並ぶ小房の中で反復作業に従事している。すべてを支配する国家の命令に従う巣の厳格な秩序は、後にレニ・リーフェンシュタールの『意志の勝利』（一九三五年）でナチスの党大会の映像とともに表現されている。これまで疑いもなくミツバチとその巣に結びつけられてきた政治と社会の隠喩は、この時にはすでに明らかに物騒なものになりつつあった。ビクトル・エリセ〔スペインの映画監督〕による知る人ぞ知る映画『ミツバチのささやき』（一九七三年）はフランコ政権初期を舞台に、その不安をはっきりとミツバチに重ねており、繰り返し挟まれるガラスの巣箱のカットと反ファシストの養蜂家の語りが、慈悲深い女王バチに従うミツバチの穏やかな礼節と勤勉さが暴政による不毛の時代に消えつつあることを感じさせる。そしてミツバチの徹底した共同体的習性は、個々の意思や欲求を

上・蜂の巣として描かれる未来の都市。フリッツ・ラング監督の一九二七年の映画『メトロポリス』より。
中・『メトロポリス』より、小房の中の労働者たち。
下・『メトロポリス』でミツバチとして描かれる労働者たち。

完全に欠くことで活発で厄介なものになっている。巣箱はフランコ政権に捕らえられた労働者の象徴となり、同時に共和主義精神の隠喩ともとらえることができる。

　集団的殺人者や共産主義者の群れがホラー映画に登場したのは一九六〇年代だ。エドガー・ウォレスの小説を原作とする『*We Shall See*（ウィー・シャル・シー）』（一九六四年）にはミツバチの針による殺人が描かれており、『*The Deadly Bees*（デッドリー・ビー）』（一九六七年）（『サイコ』の原作者ロバート・ブロックによる）は良い養蜂家と殺人ミツバチを育てる悪い養蜂家を戦わせている。どちらの作品でもミツバチは悪意ある人間の単なる道具に過ぎず、このテーマは同じ原題（『*Killer Bees*（殺人蜂）』）の二つの映画の一作目、『恐怖の殺人蜜蜂』（一九七四年）でも扱われている。この奇妙な物語ではグロリア・スワンソン〔アメリカの女優〕が人使いのうまい女家長を演じ、ブドウ園のミツバチを超能力で操っている。こうした悪意ある暴虐な力としての女王バチの隠喩は、すでに一九五五年のジョーン・クロフォード〔アメリカの女優〕を主役に据えて作られた『*Queen Bee*（女王蜂）』で描かれており、冷酷にも他人を自分の傘下に収める女性が登場する。『*Invasion of the Bee Girls*（蜂女の侵略）』には、

一九三四年のナチスのニュルンベルク党大会。レニ・リーフェンシュタール監督の一九三五年の映画『意志の勝利』より。

左：アルフレッド・ザカリアス監督の一九七八年の映画『ザ・キラー・ビーズ』の広告画像。
右：『ザ・キラー・ビーズ』のポスター。

放射線を当てたミツバチの血清を使ってミツバチの特徴を身につけた女性の一団が登場し、その特徴の一つとして性交後に男性を殺す場面が描かれている。しかし、悪意ある女王バチはホラー競争の中で勢力を失い、その後のミツバチ映画ではより理性のない群れの恐怖に主役の座を譲っている。一九七〇年代はミツバチのホラー映画が目白押しで、その多くが狂気じみたものだ。『キラー・ビー』（一九七六年）では告解火曜日《マルディグラ》のニューオーリンズを殺人バチが襲い、悪名高い『スウォーム』（一九七八年）ではマイケル・ケイン〔イギリスの俳優〕が、兵士や学童、ピクニック中の家族を殺し、原子力発電所を襲ってテキサス州ヒューストンを壊滅させるミツバチを目撃する。幸いにもアメリカ陸軍工兵隊の思いつきによって、雄バチの求愛音のような音を出す霧笛でミツバチをメキシコ湾に浮いた油膜まで誘導し、彼らを猛火で包み込むことができた。この映画に秘められた政治的偏見は、スタッフロールでの映画史に残る但し書きによって明らかにされている。「本作で描かれたアフリカの殺人バチは、熱心で勤勉なアメリカのミツバチとは一切関係ない」[*27]。『戦慄の毒蜂軍団』（一九七八年）では、やはり学童たちがミツバチに襲われている。笑えるほどひどい『ザ・キラー・ビーズ』（一九七八年）のあらすじは、信じられないくらいばかげたものだ。環境を守り、自分たちの種族が不当に利用されることをなくそうとする過激なミツバチたちがアメリカを侵略する。彼らは数万匹で襲いかかってフットボールの大きな試合を混乱に陥れ、ニューヨークの国連本部に乗り込んで自分たちの主張を伝えるが、最後には主人公の科学者がミツバチを同性愛に目覚めさせる化学薬品を発見したことで彼らの野望は阻止された。

アフリカ化したミツバチとメディアの意外な関係

アフリカナイズドミツバチが北方に拡散することを食い止めるために政府が現実に打ち出した計画は、残念ながら負けず劣らず奇抜で衝撃的なものだった。アメリカ合衆国は殺虫剤を染みこませた幅八〇キロメートルの遮断帯を中央アメリカに敷設することを提案し、他にも放射線帯の設置や、パナマ運河に沿ってガス燃料による巨大な火炎放射器を一列に並べるという案が出された。いっぽう、人騒がせなレナード・ニモイ（『スタートレック』のミスター・スポック役という点では説得力がある）は、一九七六年に殺人バチを扱ったセンセーショナルなアメリカのテレビ番組の司会をつとめ、大衆の混乱を煽っている。

まったく不可解に突然荒れ狂うミツバチをもてはやす傾向は衰えを見せなかった。ダリオ・アルジェント〔イタリアの映画監督〕の『フェノミナ』(英題『*Creepers*(忍び寄るもの)』)(一九八五年)はミツバチなどの昆虫と通じ合う能力を持った少女の話だ。予告編では、彼女が殺人への復讐のために凶暴な「数百万の親友」の群れの力を借りることができると謳っている。『キャンディマン』(一九九二年)ではクライヴ・バーカー〔イギリスの小説家〕の原作をもとに、白人の少女と恋に落ちた解放奴隷の幽霊にまつわる都市伝説を扱っている。彼は怒り狂った暴徒から罰として蜂蜜を塗られ、ミツバチに刺されて命を落とした。それ以来、国内でもっとも困窮したアフリカ系アメリカ人のスラム街、シカゴのカブリーニ＝グリーンに彼の霊が出没するという。周囲を不安に陥れる集団行動(ミツバチや殺意を持った集団)と、黒人に対する恐れ(「アフリカナイズド」ミツバチやカブリーニ＝グリーンの背景)との興味深い結合は、殺人バチ現象の中に暗号のように隠された人種的な恐怖と、御しがたい反乱というやや古い伝統を結びつけている。奴隷の魂は「キャンディマン」としてとどまり、ミツバチを引き連れて(というよりミツバチにたかられて)白人女性のはらわたを抉《えぐ》る。映画は詳しく見ていくと興味深く刺激的なものだ。言い伝えではミツバチが奴隷の死の原因であることが明らかにされており、殺人バチの実在を示唆している(とはいえ実際にミツバチに蜂蜜まみれのものを差し出せば、無意味に刺してコロニーに大損失を与えるよりも、みんなで集まって蜂蜜を回収して巣に持ち帰ることを選ぶのは間違いないだろう)。犠牲者は黒人であり、執念深い殺人バチと同じように、彼の幽霊もまた迫害した者たちに対する復讐心

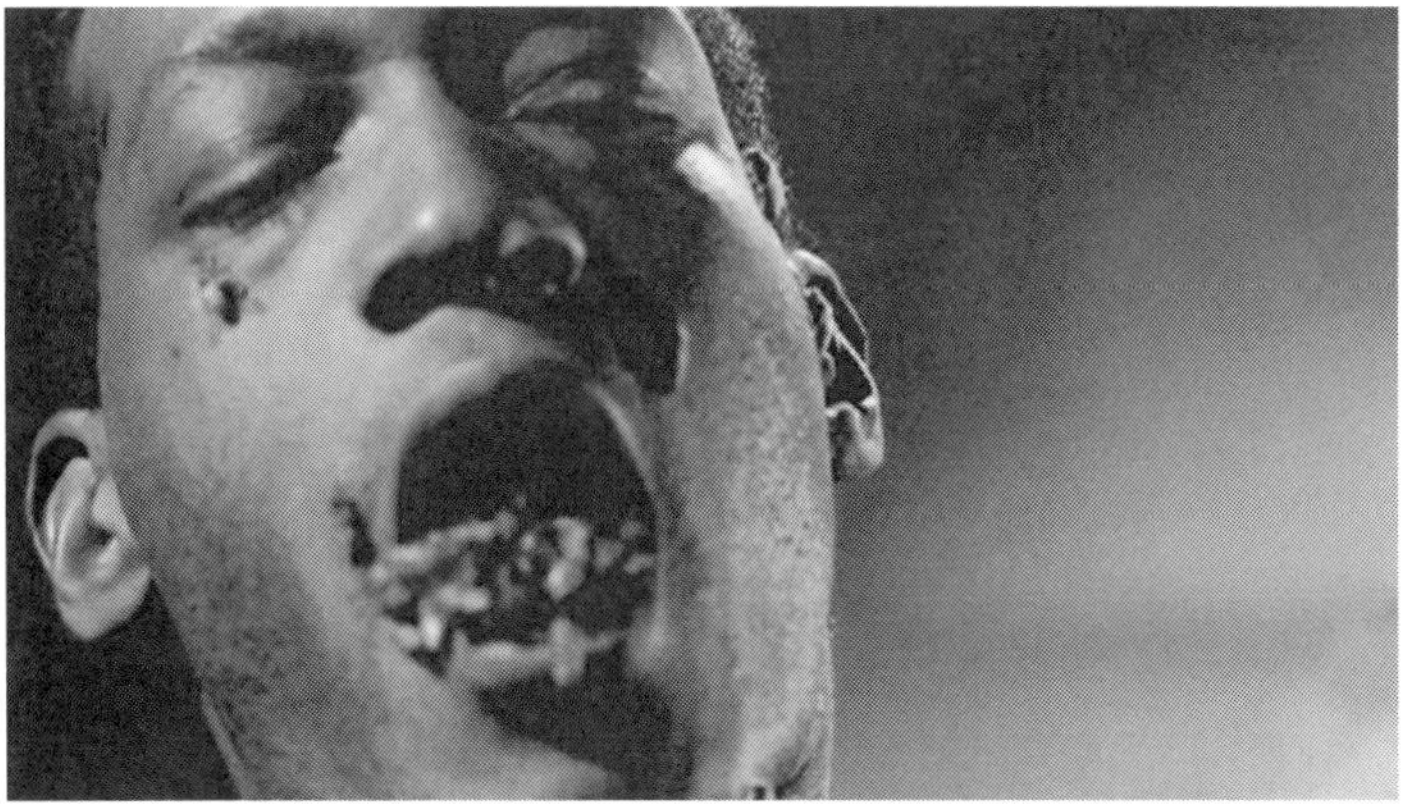

死者から生み出されるミツバチ。バーナード・ローズ監督の一九九二年の映画『キャンディマン』より。

に駆り立てられている。バーカーの原作の舞台はリヴァプールであり、テート&ライル社〔イギリスの製糖会社〕のロゴ（ライオンの死骸から飛び出すミツバチ）を眺めていたときに思いついた話だという。キャンディマンの口からミツバチが這い出す衝撃的な写真が映画の広告として使われており、死骸から「甘いものが出た」ことを思わせる。アメリカの映画版ではいくらか粗い部分があり、不条理な暴力の恐怖（とくに黒人男性から白人女性に対するもの）と、人種問題に起因する、ある意味で正当ともいえる復讐を組み合わせることで、人種的な偏見と罪悪感を同時に操作しているように感じられる。

アフリカナイズドミツバチのパニックは各所で風刺された。アメリカのテレビ番組『サタデー・ナイト・ライブ』ではコメディアンたちがミツバチの衣装を着て、マシンガンを持った荒っぽい無法者のメキシコのミツバチを演じた。マイケル・ムーア〔アメリカの映画監督〕の『ボウリング・フォー・コロンバイン』（二〇〇二年）の劇中漫画に登場する「アフリカの」ミツバチは、熱帯ではびこる病気のような恐ろしい共産主義のイデオロギーとともにアメリカに侵略しようとしていた。そしてア・カペラグループのボブスの曲『キラー・ビー』の歌詞は、本章の冒頭に引用したとおりだ。面白いことに、こうした風刺をしているのはいずれも殺人バチのいないアメリカ北部の州（ミシガン州、ニューハンプシャー州ほか多くの北東部の州）の者たちだ。

かつてのアメリカにいた神を信じないマルクス主義の虫たちは、完全に黒人種に取って代わられたわけではない。結局のところ、キューバのカストロやチリのアジェンデといった合衆国の政敵の拠点である中央・南アメリカにとどまっていただけなのだ。そして彼らは、自国のアフリカ系住民に対するアメリカ白人の、より根源的な恐怖によって力を強めていた。ほぼ同じころ、アメリカの国境に迫るアフリカナイズドミツバチを扱った二つのドキュメンタリー番組が放送される。一九九二年の『*Killer Bees*（殺人バチ）』と二〇〇〇年の『*The Swarm: India's Killer Bees*（スウォーム：インドの殺人バチ）』だ。一九九五年の映画『ホーネット』は罪のないカリフォルニア州の（白人の）一家を追う殺人バチを描き、「針をもつ『アラクノフォビア』（町を襲う新種の毒グモをテーマにした、フランク・マーシャル監督によるパニック映画。一九九〇年制作）」と銘打つ『*Killer Bees*（殺人蜂）』（二〇〇二年）では、浅黒い肌のメキシコ人の授粉業者がトラックに満載してアメリカの大西洋岸北西部に運んだ強力な毒バチが、案の定そこで大惨事を引き起こした。事故で間違ったミツバチが果樹園に放たれたことで起こったこの事態は、普通なら植物の助けとなる有益なミツバチの行動を有害な共生へと変え、生の技術は死の技術となっている。こうした危機は決して空想の中だけの出来事ではない。授粉事業を大規模に利用しているカリフォルニア州や、ミツバチの商業繁殖事業を展開し、養蜂セットを出荷しているメキシコ湾岸の州は、いずれもアフリカナイズドミツバチが生息できる気候の範囲内にあり、彼らの拡散はアメリカの農業と食品生産業に重大な影響をもたらす可能性があった。そのためアフリカナイズドミツバチが定着したテキサス州の一部地域は現在、隔絶されている。最新のハチ映画はおなじみの殺人バチの役目をスズメバチに譲っている。『ブラックファイア』（二〇〇三年）ではアフリカ化した殺人スズメバチがその毒を研究する医療実験中に逃げ出し、例によって大混乱を引き起こす。巨額の予算を投じたパニック映画のほとんどはアメリカを舞台に作られてきた。ミツバチ映画の場合、ヨーロッパが乗り気でないのは単純な理由で、凶暴なアフリカナイズドミツバチが海の向こうの話だからだ。

ソビエト連邦の崩壊とともに、かつては緊迫していた社会主義や共産主義の暴徒のイメージは力を失うが、その物足りなさを補うためにさしあたってアメリカに定着していた潜在的な人種主義が使われ、誰が敵で誰が味方かというよこしまな魅力をもつ冷戦ものの映画はまったくの空想物語へと変わっていった。『WAX 蜜蜂テレビの発見』（一九九一年）は、映画史上でもっとも奇妙な作品かもしれない。そして驚いたことに、インターネット・ムービー・データベース（IMDb）ではドキュメンタリーに分類されている。[*28] ニューメキシコ州アラモゴードの兵器試験場で働くコンピュータープログラマーはメリッサという意味深な名前の女性を妻に持ち、余暇には養蜂を営んでいた。彼のミツバチ〔架空の「メソポタミア」種〕は実は飼い主の心に映像を送ることができる超能力を持っていた。やがて彼はミツバチたちから特別な「テレビ」を頭に埋め込まれ、さして意外でもないが幻覚を見るようになってしまう。未来の死者の魂であることが判明したミツバチが彼を砂漠の地下にある住みかへと連れて行き、そこで彼は兵器となってイラクにいる標的を狙うことを命じられる。

善なるミツバチ表象の回復

慈悲深い、少なくとも政治と情緒の面からすれば有意義なミツバチは、不完全ながら元の立場に戻りつつあるようだ。アフリカの「殺人」ミツバチが一九九〇年代にアメリカの国境に到達したとき、人口に目に見えるほどの影響はもたらさなかった。ミツバチの政治体制が友好的なものだという安心感は、ある程度は大衆文化に再び現れるようになってきた。秩序あるミツバチの隠喩は、戦時中のマドリードを舞台としたセラ〔スペインの小説家〕の陰鬱な小説にもとづく一九八二年の映画『*La Colmena*〔蜂の巣〕』で再び表層化するようになった。『蜂の旅人』〔一九八六年〕ではマルチェロ・マストロヤンニ〔イタリアの俳優〕が引退した教師を演じ、人生に何らかの意味を見いだそうと養蜂家になるも、ついにはミツバチに刺させて自殺してしまう。ピーター・フォンダ〔アメリカの俳優〕が主演をつとめた『木洩れ日の中で』〔一九九七年〕で、ミツバチの伝統は完全に復活した。二作とも一九三五年と一九四七年にリメイクされた『*The*

Keeper of the Bees（蜜蜂の飼育者）』（一九二五年）に負うところが大きい。障害をもつ退役軍人が養蜂によって安堵を得る話だ。『木洩れ日の中で』はプロの養蜂家が罪を犯した息子と麻薬中毒のその妻から孫たちを預かる、やや憂鬱な物語だ。全編を通じて暴力と、荒れた家族との穏やかでないエピソードが描かれるが、主人公ユーリーがそれを切り抜けられたのは、孫娘たちの世話に気を配り、養蜂という静かで厳格に管理された世界に没頭する必要があったからだ。蜂蜜を集めて容器に詰める作業はユーリーと崩壊した家族を癒した。原題の*Ulee's Gold*（ユーリーの黄金）とは蜂蜜ではなく、義務と道徳的な調停に対する報酬のことだったのだ。[*29]

こうしたどちらかといえば控えめな映画に対し、文学の世界でもミツバチは再び流行に乗るようになった。トーマス・マクマホン〔アメリカの応用力学者・生物学者〕の『*McKay's Bees*（マッケイの蜜蜂）』（一九七九年）は一八五五年、ラングストロスの『*On the Hive and Honey-Bee*（蜂の巣とミツバチについて）』に触発されたあるアメリカ人の西への旅を追っている。主人公マッケイはカンザス州（冬には時計とオルゴールを作っている）に理想の養蜂コミュニティを築こうとしていた。移住したミツバチは、彼の保護のもとで一人の自由土地党員（西部に非奴隷州とする新しい領土を確立することに努める奴隷制廃止論者）を襲った者を刺し殺し、党員を救った。殺人バチというテーマがはるか以前の時代に扱われていた興味深い例だ。マッケイは言う。「ミツバチは、自分の未来について心配したり、あれこれと考えたりすることは決してない。その代わりに、自信と楽観によって行動するのだ」。[*30] 自由土地党員の一件では、ミツバチの群れは本能的に奴隷制廃止主義を選んだかのように思える。それが彼らの利益になるからだろう。さらに厄介なのはマッケイの妻とその双子の兄の近親相姦の関係で、明らかに女王バチとその子孫である雄バチとの交尾になぞらえられている。これに対し、『リリィ、はちみつ色の夏』（二〇〇二年）（二〇〇八年に『リリィ、はちみつ色の秘密』のタイトルで映画化）では素朴な満ち足りた道徳観の中で、人種間の調和、宗教的恍惚、女性の地位向上と団結といった流行の話題が、ここでも癒しとなる養蜂という包括的なテーマのもとに集められている。中心人物の一人に威厳のある黒人女性がおり、一九六〇年代のサウスカロライナ州の片田舎で妹たちとともに暮らしながら「黒い聖母《ブラック・マドンナ》」というブランドの高級蜂蜜を売っている。聖母マリアと結びつけられたミツバチの宗教的な象徴性も見てとれるだろう。これに対し、完全菜食主義者《ヴィーガン》たちがミツバチの授粉者としての有効性に関する議論に加わり、ミツバチは多種の昆虫たちを押しのけ、必要のない蜂蜜を蓄えることで「環境を害している」と主張した[*31]。

とはいえ、ヴィーガンやホラー映画の監督は、過去二〇年間のミツバチに関する一般向けの本の急増に圧倒されているように感じる。ウィリアム・ロングッド〔アメリカの作家〕の『*The Queen Must Die and Other Affairs of Bees and Men*（女王死すべし：ミツバチと人間のその他の諸事）』（一九八五年）は個人的な養蜂の回顧録で、学ぶところが多い。スー・ハベル〔アメリカの作家〕の『ミツバチと暮らす四季』（一九八八年）やロザンヌ・ダリル・トーマス〔アメリカの作家〕の『*Beeing: Life, Motherhood, and 180,000 Honeybees*（ビーイング：生活、母性、そして一八万匹のミツバチ）』（二〇〇二年）も同様だ。本書の出版準備中に、ハッティ・エリス〔イギリスのジャーナリスト〕は『*Sweetness and Light: The Mysterious History of the Honeybees*（甘美と光明：ミツバチの不思議な歴史）』（二〇〇四年）を、幸せな名前のビー・ウィルソン〔イギリスのジャーナリスト〕は『*The Hive: The Story of the Honeybee and Us*（ハイブ：ミツバチと人間の物語）』（二〇〇四年）を出している。以降、数え切れないほどの小説、自己啓発、スピリチュアルや歴史物の本が市場を賑わせてきた。「ミツバチのふるまい《ビー・アティチュード》」と名付けた自己啓発システムを構築した「人生のコーチ」もいる。その内容は——自己啓発というよりは命令であるが、「自分自身より大きなものの一部になりなさい」、「未来のために創りなさい」、そして「踊りなさい」といったものだ。[*32] ミツバチの名誉回復の兆しは、二〇〇四年にワシントンD.C.で開催されたナショナル・スペリング・ビー〔綴り字の全米大会〕で皮肉っぽく顔を出した。一位に迫っていたコロラドスプリングスの一二歳の少年が、*schwärmerei*（群れをなす）が書けずに優勝を逃したのだ。

II

消えゆくミツバチ

欲しいのは豆の畝《うね》を九つと、ミツバチの巣箱を一つ。
森の中でひとり、羽音に包まれて暮らそう。
ウィリアム・バトラー・イェイツ「イニスフリーの湖島」(一八八八年*1)

シャーロック・ホームズは引退してミツバチの世話を始めた。彼はサセックス・ダウンズで「かつてロンドンの犯罪の世界を見たように、小さなギャングたちが働くのを見た*2」。エドマンド・ヒラリー卿は登山で偉業を成し遂げた後、冒険をやめてニュージーランドで養蜂を営んだ。隠棲して田舎で人と関わらず道徳的な生活を送る養蜂家やミツバチの観察者のイメージは、古代ローマの作家(マルティアリス、ウェルギリウス、ウァロ、ホラティウス、コルメッラ)からウォールデン湖のソロー、イニスフリーのW・B・イェイツ、ハワイのポール・セルーまで繰り返し取り上げられてきた有力なテーマだ。養蜂家やミツバチの観察者は、伝統的に政治に無関心で非社交的だとされており、超社交的で「政治的」なミツバチの生活とは面白いことに対をなしている。

隠居とミツバチ

ジョージ・マッケンジーは孤独を称賛する中でアリストマコスの生活を挙げている。「ミツバチの観察に五〇年もその身を捧げ、その間つねに新しい課題と喜びを見いだし、それでも彼が花や解剖学、占星術その他のあらゆる科学分野におけるすべてのことを観察したとは誰にも言えないが……なおもわれわれは、隠棲には十分な目的と楽しみがないと不満を漏らすのだ」[*3]。プリニウスはそれ以前にアリストマコスと、「野生の人」と呼ばれたシチリア島の歴史家ピリスコス（紀元前四三〇～三五六年）について書いている。ピリストスは終生の養蜂家で、その天職が暴君について書いた彼の著作の助けになったのかもしれない[*4]。「商売と無縁な者は幸いである」という考えから、養蜂のような「搾った蜂蜜をきれいな壺に蓄える」誠実な田舎の仕事に没頭することができたのだ[*5]。

ウォールデン湖ではソローの興味を引くような自然現象は起こらず、ホメロスの叙事詩のように語られる赤アリと黒アリの壮大な争いが、力について考える機会を与えた。ソローにしては珍しく、ミツバチからはあまり前向きな考えをもらえなかったようだ。貪欲なミツバチの幼虫の外見は成虫になっても保たれ、「羽の下の腹部は、まだ幼虫時代の名残をとどめている」と彼は書いており、食い意地の張った卑しい時期が軽やかな成虫の体に内在しているという。彼はこう締めくくっている。「大食漢とは、いわば幼虫状態にある人間のことである。国民全体がそういう状態にある国もあり、それが空想力も想像力ももたない国民であることは、彼らの巨大な腹を見れば一目瞭然である」＊6（『森の生活（下）』H・D・ソロー著、飯田実訳、岩波文庫、一九九五年）。これは空想力も想像力ももたない国家である蜂の巣についてもいえることだろう。

小説家で旅行作家のポール・セルーはハワイのオアフ島に隠棲している。シャーロック・ホームズに影響されて彼もまた養蜂にとりかかり、八〇の巣箱に二〇〇〇万匹のミツバチを飼い始めた。現在ではオセアニア・ランチ・ピュア・ハワイアン・ハニーという会社（一九九六年創立）を立ち上げて蜂蜜の商業生産にも進出しているが、ホノルルの一つのレストランとしか取引していない。セルーは文筆と養蜂はお互いに、さらには隠棲生活とも両立できるという。彼の小説の一つにはハワイの養蜂家が登場する。この慣習は今も盛んだ。低俗な現代の大衆文化への嘆きから生まれた率直なタイトルの本『*Bollocks to Alton Towers*（くたばれオールトンタワーズ）』〔イギリス・スタッフォードシャーにある巨大テーマパーク〕では、巨大遊園地の人工の領域を敬遠する人たちにも楽しめる、意義のある活動を列挙している。その一つがコーンウォールのポーティースにある養蜂所だ。＊7

原因不明の大量失踪

二〇〇六年、本書の初版の発行直後に、アメリカのすべての巣箱からミツバチが大規模な原因不明の失踪を遂げているという報告が相次いだ。養蜂家がある日巣箱を開けると、働きバチがまったくおらず、女王バチと数匹の世話係、そして満タンの蜂蜜と花粉、蜂児だけが残っているということがほとんどだった。病気の徴候や襲われた痕跡、環境の激変などは見られず、消えたミツバチの行き先の手がかりもまったくなかった。このマリー・セレスト号（一八七二年、大西洋上で無人のまま漂流しているところを発見されたアメリカの帆船）を思わせる事態は蜂群崩壊症候群（CCD）と呼ばれ、対処可能な件数の事例で一世紀以上前から知られていたが、今やアメリカとヨーロッパに広まりつつあった。二〇〇七〜一三年のいくつかの国でのCCDによる損失の合計は、その国の全巣箱の五〇％にも及んだ[*8]。二〇一三年以降、飼育下のミツバチはいくらか復帰しつつあり、CCDによる損失は著しく減少したが、それでも二〇〇六年までの通常の年間の割合には至っていない。現象はいまだに続いており、完全に解明もされていないが、一つ分かっているのは、CCDは私たちが環境と農業を管理する中で生まれたものが合わさってミツバチを脅かした結果だということだ[*9]。飼育下のミツバチの間に広まったCCDとは別に、野生のミツバチ全体にも深刻な個体数の減少が起こっていた。どちらも一つの原因や単純な理由による簡単なものではない。私たちがミツバチに与えているストレスは非常に多く、ダニとその駆除のための殺虫剤、農薬（とくにネオニコチノイド系）、単一栽培、気候変動や授粉サービスのための大規模な移動などがある。[*10] ミツバチの社会組織はきわめて脆弱だ。ちょうど私たち人間の複雑なネットワークに一つの要素が欠けただけで混乱が起こるように、ミツバチの生息地や習性にただ一つの異常が起こることで種全体に大打撃を与えかねない。CCDを引き起こす多くの原因のうちの一つは、ネオニコチノイド系農薬がミツバチの脳、とくに記憶に干渉している可能性にある。[*11] この種の殺虫剤を致死量に達しない程度に浴びるとミツバチは仕事のやり方を忘れてしまうらしく、そうなるとコロニーは壊滅する。ミツバチが死ねば、私たちの食料源は大きく脅かされることになるのだ。[*12]

地球の生を象徴する

ミツバチは人類と地球の生と死の違いを象徴している。なぜなら彼らは農作物の授粉者であり、食料と光の作り手であり、野生植物の従者であり、彼らがいなければ地球の風景は損なわれ、荒れ果て、野生動物は死に絶え、彼らの尽力によって大地は肥えるからだ。たとえ「アフリカ化」してもミツバチは私たちの食料生産に大きく貢献する力をもち、逆により温厚な種が日常生活を脅かすことさえある。二〇〇三年の春、フロリダ州タイタスヴィル付近でミツバチを載せたトラックが横転し、何百万というミツバチが逃げ出した。現場の州間高速道路九五号線はアメリカ東海岸を通ってカナダとフロリダキーズ諸島を結んでおり、当局がミツバチを捕獲して道路から蜂蜜をすくい終わるまで六時間も通行止めになった。もしミツバチが風景から消えるようなことがあれば、言うまでもなく人間も地球に別れを告げることになるだろう。リンダ・パスタン〔アメリカの詩人〕の「The Death of the Bee（ミツバチの死）」はこの恐ろしくも逃れ得ないであろう出来事を描いている。

ミツバチの歴史は
蜂蜜に書かれており
今や終わりに近づいている。

うなりを上げる
夏の聖歌も
やがて聞こえなくなる
永遠に。

花は火を点されることなく
最後のひとときを
燃え上がり
そして消えていく。[*13]

現在はミツバチの不遇の時代だ。人間に親しまれ、世界中で繁栄するきっかけとなったまさにその習性が、今や自らを脅かしている。移動授粉のための大規模な輸送が、ミツバチヘギイタダニやアカリンダニなど商業輸入によって持ち込まれた病原虫が引き起こす病気を拡散させ、アフリカナイズドミツバチを生み出した遺伝子改変が可能だったのも、ミツバチが人間の飼育者に世話をされ、操られることを許しているからだ。ミツバチは、広く使われているさまざまな殺虫剤や殺ダニ剤の危険にさらされている。さらに大きな脅威となるのは単一栽培と、とくに過密な先進国での生息地の消失だ。

秩序あるミツバチの古い伝統が他の生物に協力的な行動をとらせると考えたくなるものだが、ミツバチを見習ったかのような種族間共生の特筆すべき例が一つ存在する。アフリカにすむミツオシエという鳥は蜜蝋とミツバチの幼虫を餌にしており、確かな裏付けのある飛行パターンの組み合わせと方向と距離を知らせる鳴き声で、ガーナの蜂蜜採りを野生のミツバチの巣まで案内するところからその名が付けられている。人間が巣を開けて蜂蜜を取り出し、むき出しになった巣と育児房をミツオシエのために残しておくことで、お互いが相手の能力から利益を得ているのだ。[*14] この利益が、こうした協力を教えてくれた道徳的なミツバチを犠牲にして生まれているのは皮肉ではあるが、養蜂家が何千年も実践してきた搾取だって似たようなものだ。しかし現代世界の人間とミツバチとの共同作業は、野生の蜂蜜探しや快適な巣箱作りなどよりもはるかに残酷なものだ。不出来なミツバチ映画くらいに信じられないことだが、今のミツバチは地雷や爆弾などの爆発物に加え、薬物や死体を検知する訓練をされている。ミツバチが回収する水や花蜜には植物から取り込んだ環境汚染物質がわずかに含まれているのに加えて、ミツバチはイヌのように特定の匂いを追うようにしつけることができ、空気中の有害な細菌（たとえばテロリストの攻撃で拡散したもの）を集めさせるようになる日がいつか来るかもしれない。*15 ミツバチは環境の使いとなり、彼らが水や花蜜、花粉の中に、さらには血液中に気体として集めた物質は、生態系の変化や健康被害の分析に使われてきた。*16 こうした多様な毒物と危険の警鐘となる動物の常として、ミツバチも科学の濫用を私たちに伝えようとするまさにその最中に姿を消そうとしている。ミツバチが誠実、無私、純潔、平和の象徴だった時代にその伝統を築いた者たちは、この死と隣り合わせの仕事を想像もしていなかったに違いない。私たちの種の歴史は日に日に陰りを見せており、生の技術は死の技術になりつつある。その中でミツバチは手本を示し、私たちが未来を見据えるように厳かに諭している。

ミツバチが社会から去るとき、彼らは死ぬ。ミツバチの寿命は切実に短く、子育ての季節や夏の流蜜期（蜜の源となる植物が多量の花蜜を分泌する時期）を生き抜くことはできない。冬を越したミツバチだけが、連続する二つの季節の違い、暖かい空気と冷たい空気の違いを知ることができる。そして彼らのほとんどにとっては、その違いも夏の穏やかな日々と、冬の巣の中で暖をとるために密集して身を寄せ合う行動の違いという認識でしかない。一匹のミツバチはもろく、はかない存在で、巣だけが長い命を持っているのだ。

人類史に生き続ける

しかし現実のミツバチがやがて死ぬ運命にあるとしても、芸術や伝説に描かれたミツバチは不滅であり、その美しさを損なう傲慢な死の影があるべきではない。二〇〇四年七月、本書の脱稿間近というころに、ジャン・ロレンツォ・ベルニーニがローマのミツバチの噴水に彫った美しい石のミツバチの一つを、心ない者が打ち壊した。現実では、確かに「一匹のミツバチは、いないのと同じ」である。しかしただ一匹のミツバチが打ち壊され、優美な噴水が損なわれたことは、公共の芸術を、ひいてはローマという政治組織を傷つけた。破壊された姿が私たちの生き方についてこれほどはっきりとした象徴的なメッセージを伝える動物がミツバチの他にいないというのは、現代生活の「礼儀正しさ」に対する（おそらく意図しない）皮肉だ。ミツバチはこうした無謀な破壊行為をまった

一九九六年、ウスターシャーの科学者たちがミツバチの動きを追跡できるようにレーダーアンテナを取りつけた。

ローマにあるベルニーニのミツバチの噴水。損傷した左のミツバチは二〇一五年に修復された。

く知ることもなく、彼ら自身の芸術はそれを不備なく完璧に保とうとする何千、何百万という数え切れない協力によって生き残る。ベルニーニの噴水は、二一世紀の今では都会のせわしない交差点となったところに取り残され、（実際のミツバチにはまずありえないことだが）行き交う車の轟音に包まれ、排気ガスを浴び、ごみにまみれながら四世紀もの間を変わらぬ姿で静かに生き抜いてきた。石のミツバチたちはその表面にいつまでも取り付き、あたかも大切な巣を修復しようとしているかのように思える。壊されたままの一匹のミツバチは――現実のミツバチには関係のないことだろうが――私たちの世界、過去、文化の、始まりがどこであれ今この時まで歩んできた軌跡の痛ましい証人だ。

ミツバチの年表

二億年前
原始的な単独性の種のミツバチが南アジアで発生する

二〇〇〇万年前
社会性の種のミツバチが蜂蜜を作り始める

一万五〇〇〇～一万年前
バレンシアで蜂蜜採りの様子が描かれる

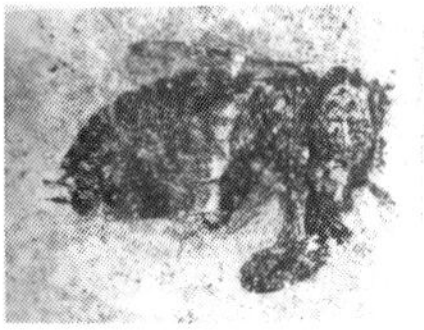

一万年前
人類が蜂蜜を食べた最初の記録が現れる

紀元前三〇〇〇年
シュメール人が蜂蜜を皮膚科医用の薬として使う

紀元前二四〇〇年
エジプトで養蜂が始まる

一世紀ごろ
ウェルギリウスの『農耕詩』がミツバチの社会組織に関する多くの認識を確立し、その後も長く信じられた

三〇〇～六〇〇年
ピクト人〔スコットランド北部に住んでいた古代民族〕が蜂蜜入りエールを作り始める

一五三八年
スペイン人が初めてセイヨウミツバチの巣箱を南アメリカに持ち込む

一五八六年
中心となるミツバチがメスで、すべての卵を産んでいるということが初めて示唆される

一六二五年
アカデミア・デイ・リンチェイが初の顕微鏡を使ったミツバチの観察を行い、精密なスケッチを残す

一六三七年
リチャード・レムナントの『*A Discourse or Historie of Bees*（蜜蜂に関する論文、あるいはその歴史）』が働きバチがメスであることを示す

一六五三年
ベルギー・トゥルネーにあるメロヴィング朝の王キルデリク一世（四八一年没）の墓が発掘され、三〇〇個の黄金製のミツバチが見つかる

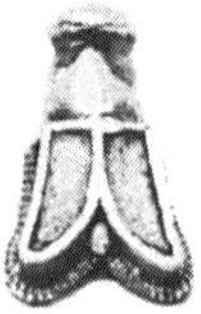

一六六八年
オランダのスワンメルダムが顕微鏡を使い、女王バチ、働きバチ、雄バチの体のあらゆる構造をスケッチする

一六八二年
ジョージ・ウェラーが現代の可動巣枠式巣箱の先駆けとなるギリシャの巣箱に出会い、書き残す

一七〇〇年
蜂蜜はミツバチが作り、花から集めているものではないことが分かる

一七四四年
蜜蝋は若いミツバチが作っていることが明らかになる

一七五〇年
花粉が花の雄性配偶子であることが分かる。ミツバチは特定の花から花蜜を集めていることが観察される

一七八八年
採集バチによるダンスが観測される

一七九〇年代
ミツバチと巣箱のイメージがフランス革命のプロパガンダに取り入れられる

一八二〇～三〇年代
「ミツバチを殺すな」運動が起こる

一八四八～四九年
モルモン教徒がユタ州に到着し、そこをミツバチの土地という意味の「デゼレット」と名付ける

一八五一年
フィラデルフィアのL・L・ラングストロスが初の完全可動巣枠式巣箱を完成させる

一九一三年
バルカン戦争中に伝統薬が不足したブルガリア兵が傷に蜂蜜を塗る

一九一九年
レーニンが養蜂を保護する法令を発布する

一九四七年
ヨーゼフ・ボイスがミツバチをモチーフとした最初の彫刻を作る

一九四九年
国際ミツバチ研究協会（ＩＢＲＡ）がイギリスで設立される

一九五三年
ドイツの動物行動学者カール・フォン・フリッシュが著書『ミツバチの生活から』でミツバチのコミュニケーションを説明し、一九七三年にノーベル賞を受賞する

一九五七年
アフリカ化されたセイヨウミツバチがブラジルの熱帯雨林に逃げ出し、「殺人バチ」ブームが起こる

一九六五年
アメリカで蜂蜜の価格が砂糖の一・五倍、ドイツでは最大で六倍まで高騰する

二〇〇〇年
モスクワ市長がミツバチを飼い、自らを国民の味方であると宣伝する

謝辞

一匹のミツバチは、いないのと同じ。本書は多くの人々の協力の賜物である。アニマル・シリーズの編集者、ジョナサン・バートの激励と助言なしでは、本書が世に出ることはなかっただろう。養蜂や蜂蜜絞り、蜂蜜酒の楽しみを教えてくれたレジーナ・デイヴィーとリー・パーソンズにも感謝の意を示したい。調査を大いに手伝ってくれたセシリア・ロイヤル、リアクション・ブックスのマイケル・リーマン、ハリー・ギロニス、デイヴ・フーク、ロバート・ウィリアムズ、ヴィヴィアン・コンスタンティノポウロス、才気あふれるジョークや批評で貢献してくれたビル・アシュワース、マリオン・ベリー、ティム・ブラニング、アン・ブラッドレー、スーザン・ブリッジェン、エヴァ・クレーン、エバーハート・ダトラ、マーク・ゴドウスキー、ウッラ・ハームセン、ジャスティン・ホプキンズ、ディック・ハンフリーズ、ケヴィン・ジャクソン、キャプテン・キッドショウ、レベッカ・キルナー、ニック・レアード、ケヴィン・ローダー、ハーブ・ナーデルホッファー、バリー・ニスベット、キャロル・パルナソ、アンジェラ・プレストン、キャロル・プレストン、ジョン・プレストン、マーク・プレストン、ミシェル・ロワイヤル、エリザベス・シェパード゠バロン、ニコライ・ショリン゠チャイコフ、ジョン・ストロング、デイヴィッド・トンプソン、ビル・トッド、メアリー・B・ワンジェリン、ジョン・ワッツ、メアリー・ルー・ウェールリ、クライヴ・ウィルマーにも感謝を。次に挙げる図書館、博物館、組織には多大な協力を頂いた。ケンブリッジ大学図書館、ボードン大学図書館、大英図書館、広告の歴史保存館、ベルリンのプロイセン文化財団映像資料館、ベルリン美術館、ディジョン美術館。そして次の方々にも大変お世話になった。マイケル・カドリップ、マーガレット・ローズ、スー・ブレーケル（広告の歴史保存館）、リチャード・グリーンとグンナル・マドセン（ボブス）、キム・フロッタム（『ビー・カルチャー』）、アンソニー・ルドルフ（メナード・プレス）、ジョン・キンロス（ビー・ブックス・ニュー＆オールド）、イダ・グニルサック（養蜂博物館）、ケイト・ケリー（ハズブロ）、ブルース・ブラッドレー（リンダ・ホール図書館）。

文章や詩の全体または一部は、以下の許可を得て使用した。'Take from my Palms', copyright © 2005 The Estate of

Maria Enzenberger c/o Menard Press; 'Killer Bees' by The Bobs from *Songs for Tomorrow Morning*, Kaleidoscope Records, copyright© 1988 Richard Greene & Gunnar Madsen; Charles Waterman, *Apiatia: Little Essays on Honey-Makers*, copyright © A. I. Root Co., Publishers, Medina, Ohio; 'The Death of a Bee' from *Last Uncle* by Linda Pastan, copyright © 2002 by Linda Pastan, used by permission of W. W. Norton & Company, Inc.; 'Partake as doth the bee', 'The murmuring of bees has ceased' and 'I taste a liquor never brewed' reprinted by permission of the publishers and the Trustees of Amherst College from *The Poems of Emily Dickinson*, Thomas H. Johnson, ed., Cambridge, Mass.: The Belknap Press of Harvard University Press, copyright © 1951, 1955, 1979, 1983 by the President and Fellows of Harvard College.

献辞

ミツバチの神官《メリッサイ》たち
エリザベス・フラワーデー、ローラ・ギルバート、サラ・ストレイダー、スーザン、ブリッジェン、
ルシンダ・ラムジー、ミシェル・シェパード＝バロンへ
そしてイギリスのミツバチへ

引用文献

1. ミツバチと人類

1 『クマのプーさん』(A・A・ミルン著、石井桃子訳、岩波少年文庫、一九五六年)より「わたしたちが、クマのプーやミツバチとお友だちになり、さて、お話ははじまります」
2 www.vegetus.org/honey/honey.htmを参照。急進的なヴィーガンのウェブサイト。
3 『リヴァイアサン〈I〉』(トマス・ホッブズ著、永井道雄、上田邦義訳、中公クラシックス、2009年)
4 『詳注版シャーロック・ホームズ全集〈10〉』(アーサー・コナン・ドイル著、W・S・ベアリング=グールド解説と注、小池滋監訳、高山宏訳、ちくま文庫、一九九八年)より「最後の挨拶」
5 George MacKenzie, *A Moral Essay Preferring Solitude to Publick Employment* (London, 1665), p. 80.
6 Henry David Thoreau, *Journal III* (13 February 1852), in *Thoreau's Writings*, ed. Bradford Torrey (Boston, 1906), IX, p. 299.
7 James Fenimore Cooper, *The Oak Openings; or, The Bee-Hunter* (New York, 1848), p. 19.
8 『神話理論II　蜜から灰へ』(クロード・レヴィ=ストロース著、早水洋太郎訳、みすず書房、2007年)
9 Pausanias, *Description of Greece*, trans. W.H.S. Jones and H. A. Ormerod (Cambridge, MA, 1965–6), book IX, chapter 23, line 2.
10 Hilda M. Ransome, *The Sacred Bee in Ancient Times and Folklore* [1937] (Bridgwater, 1986), p. 105.
11 『白鯨(中)』(メルヴィル著、八木敏雄訳、岩波文庫、2004年)
12 Thomas Pecke, *Parnassi Puerperium* (London, 1659), p. 156.
13 クルアーン 47: 17, 18.
14 『リリィ、はちみつ色の夏』(スー・モンク・キッド著、小川高義訳、世界文化社、2005年)
15 Samuel Purchas, *A Treatise of Politicall Flying-insects* (London, 1657), p. 16.
16 Jacques Vanière, *The Bees. A Poem*, trans. Arthur Murphy (London, 1799), p. 5.
17 『蜜蜂の生活』(モーリス・メーテルリンク著、山下和夫、橋本綱訳、工作舎、1981年)
18 『トリスチア』(オシップ・マンデリシュターム著、早川眞理訳、群像社、2003年)
19 『石』(オシップ・マンデリシュターム著、峯俊夫訳、国文社、1976年)より「蹄鉄を見つけた人(ピンダル風の断章)」。ミツバチはマンデリシュタームの作品に頻繁に登場する。

2. ミツバチ、その驚くべき生態

1 『蜜蜂の生活』(モーリス・メーテルリンク著、山下和夫、橋本綱訳、工作舎、1981年)
2 すべてのアリと、スズメバチの多くの種は社会性である。
3 Eva Crane, *Bees and Beekeeping: Science, Practice and World Resources* (Oxford, 1990), p. 7.
4 アピディクターについては、www.beedata.com.に記載のレックス・ボーイズによる素晴らしい説明を参照のこと。(現在リンクは削除されている)
5 Joseph Hall, 'Upon Bees Fighting', *Occasional Meditations* (London, 1630), p. 150.
6 ananova.com.を参照のこと。(現在リンクは削除されている)
7 Karl von Frisch, *The Dancing Bee: An Account of the Life and Senses of the Honey Bee*, trans. Dora Lane (New York, 1955), pp. 101–33. ミツバチのダンスについては第七章で述べている。

3. 養蜂の人類史

1 Moses Rusden, *A Further Discovery of Bees* (London, 1679), p. 8.

2 Hilda M. Ransome, *The Sacred Bee in Ancient Times and Folklore* (Bridgwater, 1986), p. 55.

3 Pliny, *Historia Naturalis*, trans. H. Rackham (London and Cambridge, ma, 1967), III, p. 451.

4 一五〇〇年以前の中国の養蜂についてはRansome, *Sacred Bee*, pp. 52–4. を参照のこと。

5 Samuel Purchas, *A Treatise of Politicall Flying-insects* (London, 1657), p. 140.

6 S. Buchmann and G. Nabham, 'The Pollination Crisis: The Plight of the Honey Bee and the Decline of other Pollinators Imperils Future Harvests', *The Sciences*, 36(4), (1997), pp. 22–8.

7 William Cotton, *A Short and Simple Letter to Cottagers, from a Conservative Bee-Keeper* (London, 1838), p. 4.

8 *Observations and Notes* in *The Works of Sir Thomas Browne*, ed. Geoffrey Keynes (Chicago, 1964), III, p. 247.

9 Rusden, *A Further Discovery of Bees*, p. 38.

10 同上、p. 9.

11 John Evelyn, *Diary* (London, 1950), 13 July 1654, p. 295. Samuel Hartlib, *The Reformed Commonwealth of Bees* (London, 1655), pp. 45, 50–52.

12 『サミュエル・ピープスの日記　第六巻』(サミュエル・ピープス著、臼田昭訳、国文社、1990年)

13 John Evelyn, *Kalendarium Hortense, or, the Gardener's Almanac* (London, 1664), p. 71.

14 Robert Plot, *The Natural History of Oxfordshire* (London, 1677), p. 263; Nehemiah Grew, *Musæum Regalis Societatis* (London, 1685), p. 371.

15 数値はアメリカ国立蜂蜜委員会 (www.nhb.org) による。

16 『愛と孤独と　エミリ・ディキンソン詩集 I』(谷岡清男訳、株式会社ニューカレントインターナショナル、1987年)

4. 政治的イメージの源

1 *The Divine Weeks and Works of Guillaume de Saluste du Bartas*, trans. Joshua Sylvester, ed. Susan Snyder (Oxford, 1979), I, ll. 919–20.

2 Jacques Vanière, *The Bees. A Poem*, trans. Arthur Murphy (London, 1799), p. 6.

3 Thomas Moffett, *Insectorum sive minimorum animalium theatrum*, in Edward Topsell, *The History of Fourfooted Beasts and Serpents . . . whereunto is now added The Theater of Insects* (London, 1658), p. 894.

4 Thomas Adams, *The Happiness of the Church* (London, 1666), p. 204. Stephen Batman(or Bateman), *Batman upon Bartholomew* (London, 1582), chap. 4. も参照のこと。

5 Hesiod, *Works and Days* (Harmondsworth, 1985), p. 68.

6 Varro, *Rerum Rusticarum*, trans. W. D. Hooper and H. B. Ash (Cambridge, MA, 1934), book III, section 15, p. 503.

7 John Gay, 'The Degenerate Bees', in *Fables* (London, 1795), p. 174.

8 Charles Butler, *The Feminine Monarchie* (London, 1609), p. B6v.

9 John Adams, *An Essay Concerning Self-murther* (London, 1700), p. 95.
10 Virgil, *Georgics*, trans. John Dryden (London, 1697), p. 229.
11 同上、p. 217.
12 『内側から見たアメリカ人の習俗』(フランセス・トロロープ著、杉山直人訳、彩流社、2012年)
13 『ソロー日記 秋』(ヘンリー・ソロー著、H・G・O・ブレーク編、山口晃訳、彩流社、2016年)
14 Samuel Purchas, *A Treatise of Politicall Flying-insects* (London, 1657), p. 17.
15 Seneca, 'De Clementia', in *Seneca's Morals Extracted in Three Books*, trans. Roger L'Estrange (London, 1679), pp. 139–40; and *Epistulae ad Lucilium*, trans. Richard M. Gunmere (Cambridge, MA, 1917), II, 84.3.b.
16 Godfrey Goodman, *The Fall of Man; or, The Corruption of Nature*(London, 1616), p. 100.
17 William Allen, *A Conference About the Next Succession* (London, 1595), p. 205.
18 『ヘンリー五世』(シェイクスピア著、松岡和子訳、ちくま文庫、2019年)第一幕第二場
19 Moffett, *Insectorum*, p. 893.
20 同上、pp. 892–3.
21 Purchas, *Treatise*, pp. 3–4. beeの語源については、さまざまな言語に遡るとする独創的な説が定着していた。英語のbeeはアングロ・サクソン語でミツバチを指すbēoに由来している。
22 Moffett, *Insectorum*, p. 891.
23 Butler, *Feminine Monarchie*, p. a3v.
24 Moses Rusden, *A Further Discovery of Bees* (London, 1679), p. A2[v], 1.
25 Butler, *Feminine Monarchie*, p. a3v.
26 Purchas, *Treatise*, p. 17.
27 Robert Hooke, *Micrographia* (London, 1665), p. 163.
28 John Levett, *The Ordering of Bees; or, The True History of Managing Them* (London, 1634), p. 34.
29 同上、p. 68.
30 Hilda M. Ransome, *The Sacred Bee in Ancient Times and Folklore*(Bridgwater, 1986), p. 234.
31 Les Murray, 'The Swarm', in *Collected Poems* (Manchester, 1991), p. 151.
32 Samuel Hartlib, *The Reformed Commonwealth of Bees* (London, 1655), p. 4.
33 Columella, *De Rustica*, trans. E. S. Forster and Edward H. Heffner (Cambridge, MA, 1954), II, p. 483.
34 Moffett, *Insectorum*, p. 895.
35 Columella, *De Rustica*, p. 483.
36 Butler, *Feminine Monarchie*, pp. a7v, b5v.
37 Frederic Tubach, *Index Exemplorum: A Handbook of Medieval Religious Tales* (Helsinki, 1969), p. 47 (no. 545).
38 Robert Herrick, 'The Wounded Cupid' [1648], in *The Poetical Works of Robert Herrick* (Oxford, 1956), p. 50.
39 Filips van Marnix, *De Roomsche Byen-korf* [1569], trans. John Still (London, 1579).
40 Virgil, *Georgics*, pp. 223, 221.
41 John Day, *The Parliament of Bees*(London, 1697), p. 2.
42 Isaac Watts, 'Against Idleness and Mischief', in *Works* (London, 1810), IV, p. 399.

43 Gay, 'The Degenerate Bees', *Fables*, p. 174.

44 『愛と孤独と エミリ・ディキンソン詩集 I』(谷岡清男訳、株式会社ニューカレントインターナショナル、1987年)

45 François Mitterrand, *The Wheat and the Chaff* (*L'abeille et l'architecte*を含む) (London, 1982).

46 Vanière, *The Bees*, pp. xi, 27, 41.

47 Mary Alcock, 'The Hive of Bees: A Fable, Written December, 1792', in *Poems* (London, 1799), pp. 25–30.

48 Anon., 'The Secret of the Bees', in *Liberty Lyrics*, ed. Louisa S. Bevington (London, 1895), p. 6.

49 Charles E. Waterman, *Apiatia: Little Essays on Honey-Makers* (Medina, OH, 1933), p. 14.

50 Moffett, *Insectorum*, p. 894.

51 Waterman,*Apiatia*, p. 12.

52 Robert Graves, 'Secession of the Drones', in *Complete Poems*(Manchester, 1997), II, pp. 192–3.

53 Henri Cole, 'The Lost Bee', *American Poetry Review*, 33 (2004), p. 40.

5. 敬虔《けいけん》と堕落の間

1 H. Hawkins, *Parthenia Sacra* (London, 1633), p. 74.

2 『聖クルアーン：日亜対訳・注解』(三田了一訳・注解、日本ムスリム協会、1982年) 16:68–9.

3 Ovid, *Metamorphoses*, trans. Rolfe Humphries (Bloomington, IN, 1955), book i, ll. 110–11.

4 Dante, *Paradiso*, trans. Laurence Binyon (London, 1979), Canto 31, lines 4–24.

5 William Wordsworth, 'Vernal Ode', v, ll. 124–8, in *Poetical Works*, ed. T. Hutchinson and E. de Selincourt (Oxford, 1936), p. 181.

6 Hawkins, *Parthenia Sacra*, p. 71.

7 Virgil, *Georgics*, trans. John Dryden (London, 1697), p. 225.

8 Hawkins, *Parthenia Sacra*, p. 74.

9 George Gilpin, *The Beehive of the Romish Church* (1579), Hilda M. Ransome, *The Sacred Bee in Ancient Times and Folklore* (Bridgwater, 1986), p. 148. による引用。

10 Eva Crane, *A Book of Honey* (Oxford, 1980), p. 138.

11 『聖書 新共同訳』(日本聖書協会、一九八七年)より詩編 81:16.

12 ルカによる福音書 24:39–43. (原文の引用元と思われる『欽定訳聖書』には「焼き魚と蜂の巣」を食べたという記述があるが、欽定訳とは異なる底本にもとづく『聖書 新共同訳』などには「蜂の巣」の記述はない。)

13 この隠喩は中世の修道会との関連で広く盛んに用いられた。

14 Ralph Austen, *The Spirituall Use of an Orchard* (London, 1653), p. [t2v].

15 'The Bee and the Stork' (from the Thornton ms, fol. 194, Lincoln Cathedral Library), reprinted in *The English Writings of Richard Rolle*, ed. Hope Emily Allen (Oxford, 1931), pp. 54–5.

16 Henry Ellison, 'Lose Not Time', in *Stones from the Quarry* (London, 1875); 同詩集に収録の 'The Poetical Hive' と 'Hint to Poets' も参照のこと。

17 Eudo C. Mason, *Rilke* (Edinburgh and London, 1963), pp. 89–90. による引用。

18 Gilpin, Ransome, *Sacred Bee*, p. 147. による引用。

19 Thomas Moffett, *Insectorum sive minimorum animalium theatrum*, in Edward Topsell, *The History of*

Fourfooted Beasts and Serpents . . . whereunto is now added The Theater of Insects (London, 1658), p. 96.
20 Emanuele Tesauro, *Il Cannochiale Aristotelico* (Rome, 1664), p. 94.
21 Samuel Purchas, *A Treatise of Politicall Flying-insects* (London, 1657), p. 42.
22 Purchas, *Treatise*, p. 19.
23 Charles Butler, *The Feminine Monarchie* (London, 1609), pp. b2v–b3r.
24 R. S. Hawker, 'The Legend of the Hive', in *Poetical Works* (London, 1899), pp. 105–8.
25 Hawkins, *Parthenia Sacra*, p. 70.
26 George Wither, *The Schollers Purgatory Discovered in the Stationers Common-wealth* (London, 1624), p. 5.
27 Walter Raleigh, 'The History of the World', in *The Works of Sir Walter Raleigh, Kt* (New York, 1829), II, p. xvi.
28 Butler, *Feminine Monarchie*, p. a1v.
29 Moffett, *Insectorum*, p. 891.
30 同上
31 Moses Rusden, *A Further Discovery of Bees* (London, 1679), p. [a8v].
32 James Boswell, *An Account of Corsica* (London, 1768), p. 280.
33 Anne Hughes, *Diary of a Farmer's Wife*, 1796–1797 (London, 1980), p. 78.
34 William Cotton, *A Short and Simple Letter to Cottagers, from a Conservative Bee-Keeper* (London, 1838), p. 2.
35 William Cotton, *My Bee Book* (London, 1842), p. cxl.
36 Diana Hartog, *Polite to Bees: A Bestiary* (Toronto, 1992), p. 54.
37 Purchas, *Treatise*, p. 113.
38 Joseph Hall, 'Upon Bees Fighting', in *Occasional Meditations* (London, 1630), pp. 148–9.
39 A. I. Root, *The ABC and XYZ of Bee Culture* (Medina, OH, 1908), p. 362.
40 『聖書　新共同訳』（日本聖書協会、1987年）士師記 14:5-14.
41 Virgil, *Georgics*, ll. 452–8.
42 Ovid, *Metamorphoses*, XV, ll. 365ff.
43 Purchas, *Treatise* p. 44による Aristotle, *De generatione animalium*, III.10. の意訳。
44 Purchas, *Treatise*, p. 46.
45 Godfrey Goodman, *The Fall of Man; or, The Corruption of Nature* (London, 1616), p. 19.
46 Edward G. Ruestow, *The Microscope in the Dutch Republic: The Shaping of Discovery* (Cambridge, 1996), p. 201.
47 John Greenleaf Whittier, 'The Hive at Gettysburg', in *Poetical Works* (Boston, 1894), III, pp. 263–4.

6. ミツバチの経済

1 William Cotton, *A Short and Simple Letter to Cottagers, from a Conservative Bee-Keeper* (London, 1838), p. 3.
2 *Desert Island Discs*, BBC Radio 4, broadcast of 19 May 2002.
3 Joe Traynor, *Honey, the Gourmet Medicine* (Bakersfield, CA, 2002), p. 63.
4 Peter Molan, 'The Anti-Bacterial Activity of Honey, Part I', *Bee World*, 73 (1992), pp. 5–28, and Eva

Crane, *Bees and Beekeeping: Science, Practice and World Resources* (Oxford, 1990), pp. 426–7.
5 Traynor, *Honey*, pp. 8–12.
6 同上、p. 13.
7 John Aubrey, 'Adversaria Physica', in *Three Prose Works*, ed. John Buchanan-Brown (Carbondale, IL, 1972), pp. 345, 353.
8 *The Catholic Directory*, 1943 (London, 1943), p. 111.
9 A. I. Root, *The ABC and XYZ of Bee Culture* (Medina, OH, 1908), pp. 331–2.
10 John R. Davis, *The Great Exhibition* (Stroud, 1999), p. 143. を参照のこと。
11 Bryan Acton and Peter Duncan, *Making Mead* (Ann Arbor, MI, 1984), n.p.
12 'The Prairies', in *American Poetry*, ed. John Hollander (New York, 1993), I, pp. 162–5.

7. アートにおけるミツバチ

1 Geffrey Whitney, *A Choice of Emblems* (London, 1586), p. 200.
2 『蜜蜂の生活』(モーリス・メーテルリンク著、山下知夫・橋本綱訳、工作舎、1981年)
3 Wordsworth, 'Vernal Ode', IV, ll. 107–8, in *Poetical Works*, ed. T. Hutchinson and E. de Selincourt (Oxford, 1936).
4 William A. McClung, *The Architecture of Paradise: Survivals of Eden and Jerusalem* (Berkeley, CA, 1983), p. 118.
5 Thomas Browne, *The Garden of Cyrus, in Works*, ed. Geoffrey Keynes (Chicago, 1964), III, p. 102.
6 『蜜蜂の生活』(モーリス・メーテルリンク著、山下知夫・橋本綱訳、工作舎、1981年)
7 Christopher Smart, 'The Blockhead and the Beehive', in *Poems* (London, 1791), pp. 26–30.
8 A. I. Root, *The ABC and XYZ of Bee Culture* (Medina, OH, 1908), pp. 172–8.
9 Henry Ellison, 'The Poetical Hive', in *Stones from the Quarry* (London, 1875), n.p.
10 François Mitterrand, *The Wheat and the Chaff* (London, 1982), epigraph. による引用。
11 ミツバチと蜂の巣に着想を得たガウディの作品の詳細はJuan Antonio Ramirez, *The Beehive Metaphor: From Gaudí to Le Corbusier* (London, 2000)を参照のこと。
12 Ramirez, *Beehive Metaphor*, p. 128. を参照のこと。
13 Caroline Tisdall, *Joseph Beuys* (London, 1979), p. 44.
14 Karl von Frisch, *The Dancing Bee: An Account of the Life and Senses of the Honey Bee*, trans. Dora Lane (New York, 1955), pp. 91–133.
15 Wordsworth, 'Vernal Ode', IV, Bryant's 'Summer Wind' と Emerson, 'The Humble-Bee' は *American Poetry*, ed. John Hollander (New York, 1993), I, p. 146 (Bryant) and p. 272 (Emerson) に収録。
16 Charles Horn, *The Bee-Hive* (London, 1811); James Elliott, *The Bee* (London, 1825); William Hawes, *The Bee* (London, 1836); Julia Woolf and Agnes Trevor, *The Bee and the Rose* (London, 1877).
17 Walt Whitman, 'Bumble Bees', from *Specimen Days*, reprinted in *Walt Whitman: The Complete Poetry and Collected Prose* (New York, 1982), pp. 783–6.
18 Charles Butler, *The Feminine Monarchie* (2nd edn, London, 1623), chap. 5, pp. K4V-LIR.
19 www.beedata.com. (現在リンクは削除されている)
20 'It was a time when silly bees could speak', Song 18 in John Dowland, *The Third and Last Booke of Songs or Aires* (London, 1603), p.LIR

8. 伝承の中のミツバチ

1 Columella, *De Rustica*, trans. E. S. Forster and Edward H. Heffner (Cambridge, MA, 1954), II, p. 429.

2 Gertrude Jones, *Dictionary of Mythology, Folklore, and Symbols* (New York, 1962), I, p. 193.

3 Ovid, *Fasti*, trans. James Frazer (Cambridge, MA, 1931), III, ll. 736–63.

4 William Combe, *Doctor Syntax in Search of Consolation* (London, 1820), collected in *Doctor Syntax's Three Tours* (London, 1869), p. 209.

5 John Greenleaf Whittier, 'Telling the Bees' [1860], in *American Poetry*, ed. John Hollander (New York, 1993), I, pp. 468–70.

6 Frederic Tubach, *Index Exemplorum: A Handbook of Medieval Religious Tales* (Helsinki, 1969), no. 550.

7 Eva Crane, *A Book of Honey* (Oxford, 1980), p. 134.

8 G. Henderson, *Folklore of the Northern Counties* (1879), Hilda M. Ransome, *The Sacred Bee in Ancient Times and Folklore* (Bridgwater, 1986), p. 229. による引用。

9 John Worlidge, *Apiarium* (London, 1676), 'To the Reader', p. [a3v]. 興味のある読者には、アリストファネスの喜劇をまねて「蜜蜂の学寮」と呼ばれた母校を称賛するF. Lepper, *The Bees*をお勧めする。

10 Antony á Wood, 'Fasti Oxoniensis ', in *Athenae Oxoniensis* (London, 1691), II, p. 693.

11 Tacitus, *Annals*, trans. John Jackson (Cambridge, MA, 1970), IV, book XII, chap. LXIV.

12 Livy, *History of Rome*, trans. Frank G. Moore (Cambridge, MA, 1963), VII, book XXVII, chap. XIII.

13 『愛と孤独と エミリ・ディキンソン詩集Ⅲ』(谷岡清男訳、株式会社ニューカレントインターナショナル、1989年)より「蜜蜂のささやきが止んでしまうと」

14 『モルモン書』(末日聖徒イエス・キリスト教会、1995年)エテル書 2:3.

15 Samuel Purchas, *A Treatise of Politicall Flying-insects* (London, 1657), p. 121.

16 Ransome, *Sacred Bee*, pp. 181–2.

17 Virgil, *Georgics*, trans. John Dryden (London, 1697), l. 286; Pliny, *Historia Naturalis*, 10 vols, trans. H. Rackham (London and Cambridge, MA, 1967), XI, p. 447; Nehemiah Grew, *Muæum Regalis Societatis* (London, 1685), p. 154.

18 Pliny, *Historia Naturalis*, XI, iv–xiii, p. 439.

19 Purchas, *Treatise*, p. 120.

20 Jonston, *An History of the Wonderful Things of Nature* (London, 1657), p. 244.

21 同上、p. 245; Grew, *Muæum*, p. 155.

22 Columella, *De Rustica*, II, p. 475; Varro, *Rerum Rusticarum*, trans. W. D. Hooper and H. B. Ash (Cambridge, MA, 1934), p. 521.

23 William Cotton, *My Bee Book* (London, 1842), p. 231.

24 Henry Thoreau, *Journal III*, 30 September 1852, in *Thoreau's Writings*, ed. Bradford Torrey (Boston, 1906), IV, p. 375.

25 Gustave Aimard, *The Bee-Hunters* (London, 1864), p. 44.

9. 歌うミツバチ、刺すミツバチ

1 Richard Klein, *Eat Fat* (London, 1997), pp. 185–6.

2 Walt Whitman, 'Bumble-Bees', *Specimen Days*, reprinted in *Walt Whitman: The Complete Poetry and*

Collected Prose (New York, 1982), pp. 785–6. による引用。

3 同上

4 『愛と孤独と エミリ・ディキンソン詩集Ⅲ』(谷岡清男訳、株式会社ニューカレントインターナショナル、一九八九年)より「私はこれまでに一度も醸されたことのない酒を賞味する」

5 Robert Frankum, *The Bee and the Wasp: A Fable* (London, 1832).

6 'Bee Song', in Kenneth Blain, *Songs and Monologues Performed by Arthur Askey*, gramophone record, London, 1947.

7 W. S. Gilbert, 'The Independent Bee', in *Bab Ballads* (London, 1898), pp. 536–8.

8 Edward Lear, *A Book of Nonsense* (London, 1861), limerick 10.

9 Robert R. Kirk, 'Bees', in *Poetry: Its Appreciation and Enjoyment*, ed. Louis Untermeyer and Carter Davison (New York, 1934), p. 318.

10 www.filmforce.ign.com/articles. モンティ・パイソンによるナンセンスな歌 'Eric the Half-a-Bee' は除外した。(現在リンクは削除されている)

10.「悪しき」ミツバチ誕生と近現代

1 The Bobs, 'Killer Bees', in *Songs for Tomorrow Morning*, Rhino Records, 1988.

2 Paul Fussell, *The Rhetorical World of Augustan Humanism* (Oxford, 1965), pp. 233–4 による Pope, *The Dunciad* の引用を参照のこと。

3 Edmund Burke, *Letter to a Noble Lord* (London, 1795), pp. 79 –80.

4 Jonathan Bate, *The Romantic Ecologists* (London, 1991), pp. 79–80. を参照のこと。

5 William Wordsworth, *The Excursion*, VIII, ll. 329–30, in *Poetical Works*, ed. T. Hutchinson and E. de Selincourt (Oxford, 1936).

6 John Ruskin, 'The Nature of Gothic', in *The Stones of Venice*, ed. J. G. Links (London, 1960), pp. 164–5.

7 William Blake, *Jerusalem: The Emanation of the Giant Albion* (1804), reprinted in *The Poems*, ed. W. H. Stevenson and David H. Erdman (London, 1971), l. 16.

8 トーマス・カーライルからアレックス・カーライルへの手紙。Humphrey Jennings, *Pandæmonium* (London, 1985), p. 164. による引用。

9 Samuel Taylor Coleridge, *Biographia Literaria* (Princeton, NJ, 1984), book I, chap. 2.

10 Eric McLuhan, quoted in T. Curtis Hayward, *Bees of the Invisible: Creative Play and Divine Possession* (London: The Guild of Pastoral Psychology, no. 206, n.d. [c. 1982]), p. 9.

11 Edward Paley, 'Fable of the Bee-Hive', in *Reasons for Contentment Addressed to the Labouring Part of the British Public* (London, 1831), pp. 22–4.

12 David Wojahn, 'The Hivekeepers', in *Late Empire* (Pittsburgh, 1994), pp. 12–14.

13 A. I. Root, *The ABC and XYZ of Bee Culture* (Medina, OH, 1908), p. 13.

14 Hart Crane, 'The Hive', in *The Complete Poems and Selected Letters and Prose* (Garden City, NJ, 1986), p. 127.

15 Elias Canetti, *Crowds and Power*, trans. Carol Stewart (London, 1962), pp. 29–30.

16 Sir John Lubbock, *Ants, Bees and Wasps*[1881] (London, 1915), p. 284.

17 Lubbock, *Ants, Bees and Wasps*, p. 281, による Langstroth, *Treatise on the Honey-Bee* (1876) の引用。

18 Lubbock, *Ants, Bees and Wasps*, p. 285.

19 『蜜蜂の生活』(モーリス・メーテルリンク著、山下知夫、橋本綱訳、工作舎、1981年)
20 同上、p. 42.
21 同上、p. 20.
22 同上、p. 30.
23 同上、p. 32.
24 Rudolf Steiner, *Bees*, trans. Thomas Brantz (Hudson, NY, 1998), pp. 4–8.
25 アフリカナイズドミツバチについての完全な説明はMark Winston, *Killer Bees: The Africanized Honey Bee in the Americas* (Cambridge, MA, 1992)を参照のこと。
26 I. Khalifman, *Bees* (Moscow, 1953), pp. 12, 19–21.
27 情報と機知に富んだジャブーツ・ネーションの駄作映画サイト(www.jabootu.com)(現在はJabootu's Bad Movie Dimensionというサイトで、www.jabootu.netに移転している)が劣悪なミツバチ映画への考察を補ってくれた。
28 www.imdb.com.
29 ミツバチに関連する映画には、他にもインド映画の*Bees*(1991)、綴り字コンテストによる癒しを描いた『綴り字のシーズン』(2005年)、ファンタジーの*Die Bumble Bees*(1982)、プルート(邦題の通りこの映画の主役は犬のプルートで、ドナルド・ダックは登場しない)と厄介なミツバチが一つの風船ガムを巡って争う『プルートの風船ガム』(1949年)、スタン・フレバーグがジュニア・ベアの声を演じたチャック・ジョーンズによるアニメ*The Bee-Deviled Bruin*(1949)、ミツバチを崇拝し、結婚の二カ月後に夫を殺す女性たちが支配する無人島に漂流した者たちを描いたミュージカルコメディの*Bees in Paradise*(1944)、オフィスを舞台にしたメロドラマ*Honey Bee*(1920)(正式なタイトルはThe Honey Bee)、そしてイギリスでの日常生活を描いたドキュメンタリー*Bees in His Bonnet*(1918)などがある。
30 Thomas McMahon, *McKay's Bees* (London, 1979), p. 1.
31 www.vegetus.org.を参照のこと。
32 askbarb@aol.com.

11. 消えゆくミツバチ

1 W. B. Yeats, 'The Lake Isle of Innisfree', in *Collected Poems* (London, 1950), p. 44.
2 Arthur Conan Doyle, 'His Last Bow', in *The Annotated Sherlock Holmes*, ed. William S. Baring-Gould (New York, 1960), II, p. 804.
3 George MacKenzie, *A Moral Essay Preferring Solitude to Publick Employment* (London, 1665), p. 80.
4 Pliny, *Historia Naturalis*, trans. H. Rackham (London and Cambridge, MA, 1967), XI, p. 445.
5 Ben Jonson, translating Horace's *Epode II*('*Beatus ille*'), in Jonson's *Poems*, ed. Ian Donaldson (Oxford, 1975), pp. 274–6.
6 『森の生活(下)』(H・D・ソロー著、飯田実訳、岩波文庫、1995年)
7 Jason Hazeley, et al., *Bollocks to Alton Towers* (London, 2005), pp. 33–5.
8 Bryan Walsh,'The Plight of the Honeybee', cover story, *Time*, 15 May 2014.
9 合衆国農務省によるミツバチのストレス要因に関する論文('Honeybees and Colony Collapse Disorder: Research Directions' (www.ars.usda.gov/News/docs.htm?docid=15572#research)(現在リンクは削除されている)
10 Francis Ratnieks and Norman Carreck, 'Clarity on Honey Bee Collapse?', *Science* 8:327:5962 (2010),

pp. 152–3.

11 例えばMary J. Palmer, Christopher Moffat, Nastja Saranzewa, Jenni Harvey, Geraldine A. Wright, and Christopher N. Connolly, 'Cholinergic pesticides cause mushroom body neronal inactivation in honeybees', *Nature Communications*, 4 (2013)

(www.nature.com/ncomms/journal/v4/n3/full/ncomms2648.html);

Jennifer Hopwood et al., *Are Neonicotinoids Killing Bees? A Review of Research into the Effects of Neonicotinoid Insecticides on Bees, with Recommendations for Action* (Portland, OR, 2012)

(http://ento.psu.edu/publications/are-neonicotinoids-killing-bees);

Sally M. Williamson et al., 'Acute Exposure to a Sublethal Dose of Imidacloprid and Comaphos Enhances Olfactory Learning and Memory in the Honeybee *Apis melifera*', *Invertebrate Neuroscience*, 13 (2013), pp. 63–70; A. Decourtye et al., 'Imidacloprid Impairs Memory and Brain Metabolism in the Honeybee (*Apis mellifera L.*)', *Pesticide Biochemistry and Physiology*, 78 (2004), pp. 83–92.

12 イギリスでは少なくとも70種類の作物にミツバチによる授粉が不可欠であり、国内に2億ポンドの経済効果をもたらしている(英国養蜂家協会:www.bbka.org.uk)。この数字はアメリカでは192億ドルになり、ハナバチ全体では58種の植物から290億ドルの農業収入を上げている (*Cornell Chronicle*, 22 May 2012: www.news.cornell.edu)。

13 Linda Pastan, 'The Death of the Bee', *Kenyon Review*, 20 (1998), p. 73.

14 A. A. Isack and H.-U. Reyer, 'Honeyguides and Honey Gatherers: Interspecific Communication in a Symbiotic Relationship', *Science*, 243 (10 March 1989), pp. 1343–6. を参照のこと。

15 Jerry J. Bromenshenk, 'Can Honey Bees Assist in Area Reduction and Landmine Detection?', *Journal of Mine Action*, VII/3 (2003), pp. 380–89.

16 アメリカ合衆国環境保護庁による報告 (January 1999): www.epa.gov.

参考文献

Acton, Bryan, and Peter Duncan, *Making Mead* (Ann Arbor, MI, 1984)

Aimard, Gustave, *The Bee-Hunters* (London, 1864)

Alcock, Mary, 'The Hive of Bees: A Fable, Written December, 1792', in *Poems*(London, 1799)

Allen, William, *A Conference About the Next Succession* (London, 1595)

Anon., 'The Secret of the Bees', in *Liberty Lyrics*, ed. Louisa S. Bevington (London, 1895)

Aubrey, John, '*Adversaria Physica*', in *Three Prose Works*, ed. John Buchanan-Brown (Carbondale, IL, 1972)

Austen, Ralph, *The Spirituall Use of an Orchard* (London, 1653)

Bate, Jonathan, *The Romantic Ecologists* (London, 1991)

Bromenshenk, Jerry J., 'Can Bees

Assist in Area Reduction and Landmine Detection?', *Journal of Mine Action*, VII/3 (2003), pp. 380–89 (Proceedings of the First International Joint Conference on Point Detection for Chemical and Biological Defense)

Browne, Thomas, *The Works of Sir Thomas Browne*, 4 vols, ed. Geoffrey Keynes, 2nd edn (Chicago, 1964)

Buchmann, S., and G. Nabham, 'The Pollination Crisis: The Plight of the Honey Bee and the Decline of other Pollinators Imperils Future Harvests', *The Sciences*, 36(4), (1997), pp.182-3

Burke, Edmund, *Letter to a Noble Lord* (London, 1795)

Butler, Charles, *The Feminine Monarchie* (London, 1609; 2nd edn 1623)

Canetti, Elias, *Crowds and Power*, trans. Carol Stewart (London, 1962)

Cole, Henri, 'The Lost Bee', *American Poetry Review*, 33 (2004), p. 40

Coleridge, Samuel Taylor, *Biographia Literaria* (Princeton, NJ, 1984)

Columella, *De Rustica*, 3 vols, trans. E. S. Forster and Edward H. Heffner (Cambridge, MA, 1954)

『詳注版シャーロック・ホームズ全集〈10〉』(アーサー・コナン・ドイル著、W・S・ベアリング=グールド解説と注、小池滋監訳、高山宏訳、ちくま文庫、1998年)より「最後の挨拶」

Cooper, James Fenimore, *The Oak Openings; or, The Bee-Hunter* (New York, 1848)

Cotton, William, *A Short and Simple Letter to Cottagers, from a Conservative Bee-Keeper* (London, 1838)

Cotton, William, *My Bee Book* (London, 1842)

Eva Crane, *A Book of Honey* (Oxford, 1980)

—, *Bees and Beekeeping: Science, Practice and World Resources* (Oxford, 1990)

Daye, John, *The Parliament of Bees* (London, 1697)

Ellison, Henry, *Stones from the Quarry* (London, 1875)

Evelyn, John, *Kalendarium Hortense, or, the Gardener's Almanac* (London, 1664)

Frankum, Robert, *The Bee and the Wasp: A Fable* (London, 1832)

Frisch, Karl von, *The Dancing Bee: An Account of the Life and Senses of the Honey Bee*, trans. Dora Lane (New York, 1955)

Gay, John, 'The Degenerate Bees', in *Fables*(London, 1795)

Gilbert, W. S., *Bab Ballads* (London, 1898)

Gilpin, George, *The Beehive of the Romish Church* (London, 1579)

Goodman, Godfrey, *The Fall of Man; or, The Corruption of Nature* (London, 1616)

Grew, Nehemiah, *Muæum Regalis Societatis*(London, 1685)
Hall, Joseph, *Occasional Meditations* (London, 1630)
Hartog, Diana, *Polite to Bees: A Bestiary* (Toronto, 1992)
Hawkins, H., *Parthenia Sacra* (London, 1633)
Hayward, T. Curtis, *Bees of the Invisible: Creative Play and Divine Possession* (London: The Guild of Pastoral Psychology, no. 206, n.d. [c. 1982])
Hesiod, *Works and Days* (Harmondsworth, 1985)
『リヴァイアサン（全二巻）』（トマス・ホッブズ著、永井道雄、上田邦義訳、中公クラシックス、2009年）
Hollander, John, ed., *American Poetry: The Nineteenth Century*, 2 vols (New York, 1993)
Hooke, Robert, *Micrographia* (London, 1665)
Isack, A. A., and H.-U. Reyer, 'Honeyguides and Honey Gatherers: Interspecific Communication in a Symbiotic Relationship', *Science*, 243 (10 March 1989), pp. 1343–6
Jennings, Humphrey, *Pandæmonium* (London, 1985)
Jones, Gertrude, *Dictionary of Mythology, Folklore, and Symbols*, 3 vols (New York, 1962)
Jonston, John, *An History of the Wonderful Things of Nature* (London, 1657)
Khalifman, I., *Bees* (Moscow, 1953)
『リリィ、はちみつ色の夏』（スー・モンク・キッド著、小川高義訳、世界文化社、2005年）
Kirk, Robert R., 'Bees', in *Poetry: Its Appreciation and Enjoyment*, ed. Louis Untermeyer and Carter Davison (New York, 1934), p.318
Klein, Richard, *Eat Fat* (London, 1997)
Lear, Edward, *A Book of Nonsense* (London, 1861)
Levett, John, *The Ordering of Bees; or, The True History of Managing Them*(London, 1634)
『神話理論II　蜜から灰へ』（クロード・レヴィ＝ストロース著、早水洋太郎訳、みすず書房、2007年）
Lubbock, Sir John, *Ants, Bees and Wasps*[1881] (London, 1915)
McClung, William A., *The Architecture of Paradise: Survivals of Eden and Jerusalem* (Berkeley, CA, 1983)
McMahon, Thomas, *McKay's Bees* (London, 1979)
『蜜蜂の生活』（モーリス・メーテルリンク著、山下和夫、橋本綱訳、工作舎、1981年）
Mandelstam, Osip, *Selected Poems: A Necklace of Bees*, trans. Maria Enzensberger (London, 1992)
—, *The Complete Poetry of Osip Emilevich Mandelstam*, trans. Burton Raffel and Alla Burago (Albany, NY, 1973)
Marnix, Filip van, *De Roomsche Byen-korf* [1569], trans. John Still (London, 1579)
『クマのプーさん』（A・A・ミルン著、石井桃子訳、岩波少年文庫、1956年）
Mitterand, François, *The Wheat and the Chaff*（*L'abeille et l'architecte*を含む）(London, 1982)
Moffett, Thomas, *Insectorum sive minimorum animalium theatrum*, in Edward Topsell, *The History of Fourfooted Beasts and Serpents . . . whereunto is now added The Theater of Insects* (London, 1658)
Molan, Peter, 'The Anti-Bacterial Activity of Honey, Part I', *Bee World*, 73 (1992), pp. 5–28
Ovid, *Fasti*, trans. James Frazer (Cambridge, MA, 1931)
—, *Metamorphoses*, trans. Rolfe Humphries (Bloomington, IN, 1955)
Paley, Edward, 'Fable of the Bee-Hive', in *Reasons for Contentment Addressed to the Labouring Part of the*

British Public (London, 1831)
Pastan, Linda, 'The Death of the Bee', *Kenyon Review*, 20 (1998), p. 73
Pausanias, *Description of Greece*, trans. W.H.S. Jones and H. A. Ormerod (Cambridge, MA, 1965–6)
Pecke, Thomas, *Parnassi Puerperium* (London, 1659)
Pliny, *Historia Naturalis*, trans. H. Rackham (London and Cambridge, MA, 1967)
Plot, Robert, *The Natural History of Oxfordshire* (London, 1677)
Purchas, Samuel, *A Treatise of Politicall Flying-insects* (London, 1657)
Raleigh, Walter, '*The History of the World*', in *The Works of Sir Walter Raleigh, Kt* (New York, 1829)
Ramirez, Juan Antonio, *The Beehive Metaphor: From Gaudí to Le Corbusier* (London, 2000)
Ransome, Hilda M., *The Sacred Bee in Ancient Times and Folklore* [1937] (Bridgwater, 1986)
Rolle, Richard, *The English Writings of Richard Rolle*, ed. Hope Emily Allen (Oxford, 1931)
Root, A. I., *The ABC and XYZ of Bee Culture* (Medina, OH, 1908)
Ruestow, Edward G., *The Microscope in the Dutch Republic: The Shaping of Discovery* (Cambridge, 1996)
Rusden, Moses. *A Further Discovery of Bees* (London, 1679)
Ruskin, John, *The Stones of Venice*, ed. J. G. Links (London, 1960)
Seneca, '*De Clementia*', in *Seneca's Morals Extracted in Three Books*, trans. Roger L'Estrange (London, 1679)
—, *Epistulae ad Lucilium*, 3 vols, trans. Richard M. Gunmere (Cambridge, MA, 1917)
Steiner, Rudolf, *Bees*, trans. Thomas Brantz (Hudson, NY, 1998)
Sylvester, Joshua, trans., *The Divine Weeks and Works of Guillaume de Saluste du Bartas*, 2 vols, ed. Susan Snyder (Oxford, 1979)
Tacitus, *Annals*, trans. John Jackson (Cambridge, MA, 1970)
Tesauro, Emanuele, *Il Cannochiale Aristotelico* (Rome, 1664)
Thomas of Cantimpré, *Bonum Universale de Apibus* (c. 1259)
Tisdall, Caroline, *Joseph Beuys* (London, 1979)
Traynor, Joe, *Honey, the Gourmet Medicine* (Bakersfield, CA, 2002)
Tubach, Frederic, *Index Exemplorum: A Handbook of Medieval Religious Tales* (Helsinki, 1969)
Vanière, Jacques, *The Bees. A Poem*, trans. Arthur Murphy (London, 1799)
Varro, *Rerum Rusticarum*, trans. W. D. Hooper and H. B. Ash (Cambridge, MA, 1934)
Virgil, *Georgics*, trans. John Dryden (London, 1697)
Waterman, Charles E., *Apiatia: Little Essays on Honey-Makers* (Medina, OH, 1933)
Whitney, Geffrey, *A Choice of Emblems* (London, 1586)
Winston, Mark, *Killer Bees: The Africanized Honey Bee in the Americas*(Cambridge, MA, 1992)
Wither, George, *The Schollers Purgatory Discovered in the Stationers Common-wealth* (London, 1624)

写真クレジット

著者および出版社は、以下の情報源に対し、イラスト素材の転載、または複製の許可を頂いたことに感謝の意を表します。

著者（Claire Preston）: pp. 64, 79, 133（左）, 136（上）, 155, 214;

the estate of Michael Ayrton（提供）: p. 123;

Bee Books New and Old, Little Dewchurch, Herefordshire hr2 6 pp（許可）: pp. 13, 14, 40（左）, 43, 46, 80;

Boosey & Hawkes Music Publishers Ltd（提供）:　p.141;

British Library, London:p. 58 (bl ms　Add 15950, f. 142; photo, British Library Reproductions);

British Museum, London（the British Museum, Londonの許可による）:p. 148（上）;

the Syndics of Cambridge University Library（許可）: pp. 12, 30, 31, 33, 37, 47, 48, 49, 52（上）, 53, 54, 60, 69, 71, 72（上）, 77（カバー）, 86, 88, 106, 108, 109, 133（右）, 142, 159, 160, 170, 172, 173;

Eva Crane（提供）: pp. 38（真ん中、右）, 102（上）;

Dialogue: A Journal of Mormon thought（提供）: p. 158;

Eberhard Duttra（提供）: p. 19（左）;

the artist (Ian Hamilton Finlay)（提供）: p. 95;

the History of Advertising Trust:（許可）: p. 112;

Kunsthistoriches Museum, Vienna（the Kunsthistoriches Museum, Viennaの許可による）: p. 87;

photos Library of Congress, Washington, dc: p. 52（下）(Prints and Photo graphs Division,　photograph from the records of the National Child Labor Committee, lc-dig-nclc-00316, photo Lewis Wickes Hine), 73 (Prints and Photographs Division, Gottscho-Schleisner Collection, lc-g613-72127), 74 (Prints and Photographs Division, Theatrical Poster Collection, var 0907), 178 (Prints and Photographs Division, British Cartoon Collection lc-usz62-132979), 190 (Prints and Photographs Division, Farm Security Administration – Office of War Information Photograph Collection, lcusf34-014113-d), 192 (Prints and Photographs Division, Farm Security Administration – Office of War Information Photograph Collection, lcusw33-024218-c, photo National Council of American-Soviet Friendship,New York);

the Linda Hall Library of Science,Engineering & Technology, Kansas City, mo（許可）: pp. 116, 148（下）, 150;

Musee des Beaux-Arts, Dijon (photo Francois Jay/c Musee des Beaux-Arts, Dijon):p. 109;

the Museum of Apiculture, Radovljica, Slovenia（許可）:p. 102（下）;

National Gallery, London（the National Gallery, Londonの許可による）: p. 85;

the National Honey Board [www.honey.com]（提供）: p. 168;

Rex Features: pp. 8 (Rex Features/Organic Picture Library, 366312a), 121 (Rex Features/reso, 424222a), 127 (Rex Features/Chris Martin Bahr, 346821a), 136（下）(Rex Features/Harry Goodwin,

325969m), 185 (Rex Features/Ville Myllynen (462108e), 215 (Rex Features/Greg Williams, 259319a); photos Roger-Viollet, courtesy of Rex Features:pp. 42 (10225-4/rv-115331h), 86 (Collection Roger-Viollet, 2016-15/rv-925011);

Romper Room c 2005 Hasbro（許可）: p. 167;

A. I. Root Publishers（提供）: p. 38;

Prof. Mandyam V. Srinivasan（許可）: p. 28;

the Staatliche Museen, Berlin（許可）: p. 182;

the Department of Special Collections of the University Libraries of Notre Dame, Notre Dame, Indiana（Notre Dame Universityが保有するオリジナルを許可を得て複製）: p. 89.

著者
クレア・プレストン Claire Preston
ロンドン大学クイーン・メアリー校の
ルネサンス文学・英文学の教授。
著作に *Thomas Browne and the Writing of Early Modern Science* や
Edith Wharton's Social Register: Fictions and Contexts（いずれも未邦訳）など。

訳者
倉橋俊介 くらはし・しゅんすけ
国際基督教大学教養学部人文科学科中退。
訳書に『世界の山岳大百科』（共訳、山と渓谷社、2013年）など。

翻訳協力
株式会社トランネット

ミツバチと文明

宗教、芸術から科学、政治まで
文化を形づくった偉大な昆虫の物語

2020年9月25日　第1刷発行

著者
クレア・プレストン

訳者
倉橋俊介

装幀者
三木俊一（文京図案室）

発行者
藤田博

発行所
株式会社草思社
〒160-0022 東京都新宿区新宿1-10-1
電話 営業03（4580）7676　編集 03（4580）7680

印刷所
中央精版印刷株式会社

製本所
大口製本印刷株式会社

ISBN978-4-7942-2471-2 Printed in Japan 検印廃止